図解まるわかり

JN071987

電気自動車の
しくみ

川辺謙一 [著]

Electric Vehicle

SE
SHOEISHA

本書の読者特典として、特別コラム「電気自動車と電車の意外な関係」を提供します。下記の方法で入手し、さらなる学習にお役立てください。

会 員 特 典 の 入 手 方 法

① 以下のWebサイトにアクセスしてください。

　URL https://www.shoeisha.co.jp/book/present/9784798176031

② 画面に従って必要事項を入力してください（無料の会員登録が必要です）。

③ 表示されるリンクをクリックし、ダウンロードしてください。

● 注意

※会員特典データのダウンロードには、SHOEISHA iD（翔泳社が運営する無料の会員制度）への会員登録が必要です。詳しくは、Webサイトをご覧ください。

※会員特典データに関する権利は著者および株式会社翔泳社が所有しています。許可なく配布したり、Webサイトに転載したりすることはできません。

※会員特典データの提供は予告なく終了することがあります。予めご了承ください。

はじめに

　電気自動車は、駆動を電動化した自動車です。定義によってはハイブリッド自動車などもこれに含まれる場合がありますが、本書では、バッテリーのみを電源として、モーターの力のみで駆動する自動車（バッテリーEV、BEV）を電気自動車（EV）と呼ぶことにします。

　電気自動車は、走行中に環境に負荷をかける物質を排出しません。このため、究極の「エコカー」の一種として扱われ、環境問題を解決する自動車として注目されてきました。

　それゆえ現在は、世界全体で電気自動車の販売台数が急速な勢いで増え続けています。これは大容量のバッテリーが開発され、電気自動車の航続距離が延び、利便性が向上しただけでなく、地球環境問題に対する関心の高まりによって、走行中にCO_2などの温暖化効果ガスを排出しない電気自動車の普及を推進する動きが加速したからです。

　本書では、このような電気自動車の動くしくみや、普及に向けた課題などを機械・電気・化学の観点から整理し、写真や図を交えて解説しました。また、電気自動車と同様にモーターで駆動する電動自動車の仲間として、ハイブリッド自動車やプラグイン・ハイブリッド自動車、燃料電池自動車についても触れ、電動自動車全体の状況を把握できるようにしました。

　電気自動車を知ることは、単に自動車の一種を知ることにとどまらず、今後の社会変化を考えることにもつながります。なぜならば、電気自動車が普及することは、今後起こる「モビリティ革命」と呼ばれる交通の大きな変化を把握するだけでなく、社会におけるエネルギーのあり方や、今世界が実現を目指している持続可能な社会を考えることにもつながるからです。

　そのような社会変化や、電気自動車、そして電動自動車を知るための第一歩として、本書をご活用いただければ幸いです。

　なお、本書を制作するにあたり、大学やメーカーに所属されている研究者や技術者の方々にご協力いただきました。この場をお借りして厚く御礼申し上げます。

2023年6月

川辺 謙一

目次

第1章 電気自動車に乗る
～ 運転してわかる長所と短所 ～   13

第2章　電気自動車の構造と仲間
～ パワートレインの違いで理解する ～　　39

第 **4** 章 電池と電源システム
～ 走りを支えるエネルギー源 ～

第7章 走りを支えるインフラ
～ 充電スタンドと水素ステーション ～
147

第 **8** 章 電気自動車と環境
～ どれくらい「エコ」なのか？ ～
167

第1章

電気自動車に乗る

～運転してわかる長所と短所～

» エコカーとしての電気自動車

モーターで動く電気自動車

電気自動車（Electric Vehicle：EV）は、その名の通り電気で動く自動車です。厳密にいうと、電気自動車には狭義と広義がありますが、本書では狭義の電気自動車、すなわち駆動用バッテリー（蓄電池）のみを電源として、**モーターを動かして車輪を回し**、**駆動する自動車**を「電気自動車」と呼び、広義の電気自動車については**2-2**で説明します。

エコカーの一種

電気自動車とガソリン自動車の大きな違いは、走行中に排気ガスや騒音を出すか出さないかにあります（図1-1）。ガソリン自動車は、走行中にエンジンから大気汚染や地球温暖化の原因とされている有害物質を含む排気ガスを出し、大きな音を出します。一方電気自動車は、走行中にこれらの物質を含む排気ガスを一切排出せず、ガソリン自動車よりも静かに走ることができます。

このため電気自動車は、走行中に環境に負荷をかけないことから「エコカー」の一種とされています。

運転してわかる電気自動車の特徴

電気自動車の特徴は、資料を読むよりも、実際にハンドル（ステアリングホイール）を握って運転する方がよくわかります。なぜならば、運転することで初めてわかる特徴が多く存在するからです。

そこで本章では、読者の皆さんに代表的な国産電気自動車である日産の「リーフ」（2代目・2017年以降製造、図1-2）の運転を疑似体験してもらいながら、電気自動車の特徴を紹介していきます。

ぜひ自分が運転しているような感覚を味わいながら読み進めてみてください。

図1-1　ガソリン自動車と電気自動車の大きな違い

ガソリン自動車

走行中に有害物質を
含む排気ガスと大きな
音を出す

ガソリン

エンジン

排気ガス

CO_2 NO_x
SO_x PM

電気自動車

走行中に有害物質を
含む排気ガスを出さず
静かに走る

モーター

図1-2　本章で運転する電気自動車

代表的な国産電気自動車である日産の「リーフ」(2代目)

（写真提供：日産自動車）

Point

🖊 電気自動車は「EV」とも呼ばれる

🖊 電気自動車はモーターで車輪を回し駆動する

🖊 電気自動車はエコカーの一種である

» ガソリン自動車と比べる

外観や内装はほぼ同じ

次に、「リーフ」とガソリン自動車の見た目を比べてみましょう。

結論からいうと、**両者の見た目はほぼ同じです**。もちろん、外観では、車両後方に排気口や給油口がないなどの細かい差異はありますが（図1-3）、全体的には電気自動車らしさを感じるものはほとんどありません。

内装は、ガソリン自動車のAT車とよく似ています。運転席にはハンドルの他にアクセルペダルやブレーキペダルがあり、左側にはシフトレバーや電動パーキングブレーキのレバーがあります。このため、運転操作はガソリン自動車のAT車とほぼ同じです。

パワートレインの構造が異なる

しかし、電気自動車とガソリン自動車では、パワートレインと呼ばれる**駆動に関係する部分の構成が大きく異なります**（図1-4）。つまり、動くしくみが根本的に違うのです。

ガソリン自動車は、燃料タンクに貯蔵された燃料（ガソリン）を消費してエンジンを動かし、得られた回転力をトランスミッション（変速機）を介して車輪に伝えて駆動します。エンジンは、燃料をシリンダーの内部で燃やすので、大気汚染や地球温暖化の原因となる有害物質を生成し、排気口から出します。また、エンジンは、シリンダー内部で燃焼による急激な体積膨張（爆発）が起こることでピストンが動き、動力が発生する構造になっているので稼働中に大きな音が出ますし、振動も発生します。

一方電気自動車は、駆動用バッテリーに充電した電気でモーターを動かし、その回転力を車輪に伝えて駆動します。つまり、**排気ガスや騒音、振動の発生源だったエンジンがないので、走行中は排気ガスや振動を発生させず、ガソリン自動車よりも静かに走るのです。**

図1-3 後ろから見た「リーフ」

見た目はガソリン自動車とほぼ同じだが、
車両後方に排気口がないなどの細かい差異がある

図1-4 ガソリン自動車と電気自動車のパワートレインの構造の違い（イメージ）

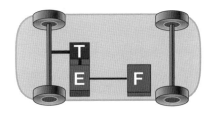

GV ガソリン自動車

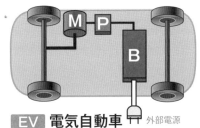

EV 電気自動車
（日産・リーフ）

外部電源

F 燃料タンク	**M** モーター
E エンジン	**P** パワーコントロールユニット
T トランスミッション	**B** 駆動用バッテリー

Point

🖉 電気自動車とガソリン自動車は、見た目がほぼ同じである

🖉 電気自動車とガソリン自動車は、パワートレインの構造が異なる

🖉 電気自動車はエンジンがないので、排気ガスを出さず静かに走る

≫ 走る① 電気自動車を運転する

エンジンをかける必要がない

それでは「リーフ」を運転してみましょう。

前節で述べたように、**電気自動車の運転席周りの構造は、基本的にガソリン自動車のAT車とほぼ同じ**です（図1-5）。

ただし、発進させるまでの過程がガソリン自動車とは少し異なります。電気自動車にはエンジンがないので、「エンジンをかける（始動させる）」という作業が必要ありません。

運転席に座ったら、ブレーキペダルを踏み、**電源ボタンを押して「オン」にすると、電気自動車のシステムが起動します**（図1-6）。このとき、スピードメーターなどが明るく表示され、空調装置（エアコン）が動き出しますが、エンジンが起動するときのような大きな音は聞こえませんし、ボディ（車体）の振動もほとんど感じません。

静かに発進

この先の発進までの操作も、ガソリン自動車のAT車とほぼ同じです。左手で電動パーキングブレーキを解除し、シフトレバーを「ドライブ（D）」にしてブレーキペダルから足を離すと、アクセルペダルを踏まなくても「リーフ」は静かにかつゆっくりと発進し、低速で走ります。AT車では、このような現象を「クリープ現象」といいますが、電気自動車でもそれと同じことが起こるように設計されているのです。

このように、電気自動車が発進するまでの運転操作は、若干の違いはあれど、ガソリン自動車のAT車とよく似ています。言い換えれば、電気自動車は、ガソリン自動車のAT車の運転をしたことがある方なら、基本的に誰でも運転できる構造になっているのです。

図1-5	「リーフ」の運転席周り

基本的にガソリン自動車のAT車とほぼ同じ構造になっている
（写真提供：日産自動車）

図1-6	「リーフ」の電源ボタン

ブレーキペダルを踏んでから電源ボタン（写真右側）を押すと、
システムが起動する

Point

✎ 電気自動車の運転席周りの構造は、ガソリン自動車のAT車とほぼ同じ

✎ 電気自動車のシステムは、電源ボタンを押すと起動する

✎ その後の発進までの操作は、ガソリン自動車のAT車とほぼ同じ

» 走る② 滑らかな加速

変速機がない電気自動車

さあ、次に「リーフ」を加速させてみましょう。

アクセルペダルを軽く踏むと、「リーフ」は静かに、かつ**滑らかに加速**します。また、歯車比を変化させるトランスミッション（変速機）がないので、シフトレバーを操作しなくても、道路の制限速度まで加速できます（図1-7）。その感覚はガソリン自動車のAT車に似ていますが、多くのAT車で起こる変速ショックは起こりません。

スムーズな発進

「リーフ」などの**電気自動車は、ガソリン自動車よりも発進がスムーズです**。これはモーターと、ガソリンエンジンなどのエンジンのトルク特性の違いが関係しています（図1-8）。

エンジンのトルクは、停止時にゼロで、ある回転速度で最大になります。一方モーターのトルクは、パワーコントロールユニットの制御下において停止時に最大で、ある速度以上では回転速度が速くなると減少します。つまり、モーターは、エンジンが苦手とする領域でトルクが最大になるので、電気自動車はガソリン自動車よりもスムーズに発進できるのです。

「ヒューン」という音

電気自動車は、基本的に静かに走行します。ただし、低速走行時は車両接近通報装置が作動して意図的に音を出し、自動車が接近していることを周囲の歩行者などに伝えます。その後、アクセルペダルを強く踏むと、加速します。このとき耳をすますと、「**ヒューン**」という音程が上昇する音が聞こえます。この音は磁励音（**6-5**参照）と呼ばれるものです。

図1-7　「リーフ」の駆動部の構造

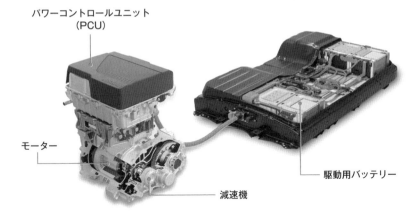

パワーコントロールユニット
（PCU）

モーター

減速機

駆動用バッテリー

●モーターの動力は減速機を介して車輪に伝わるので、変速機がない
●モーターの制御はパワーコントロールユニットが行う

（写真提供：日産自動車）

図1-8　モーターとエンジンのトルク曲線

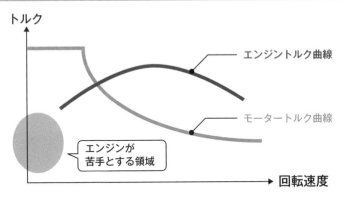

トルク

エンジントルク曲線

モータートルク曲線

エンジンが
苦手とする領域

回転速度

モーターは、回転速度がゼロの状態から最大のトルクを発揮できる

出典：EV DAYS「EVのモーターとは？」
（URL：https://evdays.tepco.co.jp/entry/2022/03/31/000029）

Point

🖉 電気自動車は変速機がないので、滑らかに加速する
🖉 電気自動車は、ガソリン自動車よりも発進がスムーズ
🖉 電気自動車が加速するときは、「ヒューン」という磁励音が発生する

» 走る③　優れた操縦性と静粛性

エンジンがないことによるもう1つのメリット

　電気自動車はエンジンがないので、部品配置の自由度が高いという利点があります。ガソリン自動車の場合は、エンジンの位置が決まれば、トランスミッション（変速機）やドライブシャフト（推進軸）などの重い部品の配置がおのずと決まってしまいます。

　一方電気自動車は、これらの部品がなく、駆動用バッテリーやモーター、パワーコントロールユニット（**6-1**参照）などの重い部品の配置を変更しやすいです。このため、**理想に近い重量バランス**や低重心化を実現しやすく、自動車としての操縦性を高めやすいのです。

優れたコーナリング性能

　「リーフ」の場合は、車両のほぼ中心の底部に重い駆動用バッテリーを配置して低重心化を図るだけでなく、変形しにくい高剛性ボディを採用することで、ステアリング（ハンドル）操作の応答性を高めています（図1-9）。

　また、4輪それぞれのブレーキを個別に制御することで、より滑らかで安定性が高いコーナリングを実現しています（図1-10）。そのことは、実際に「リーフ」でカーブが多い山岳地帯の道路を走ってみるとよくわかります。

優れた静粛性

　「リーフ」などの電気自動車は、静粛性が優れています。もちろん、耳をすませば、前節で紹介した「ヒューン」という磁励音は聞こえますが、ガソリン自動車の車内と比べれば、電気自動車の車内ははるかに静かです。このような違いは、窓を開けて走るとさらによくわかります。

| 図1-9 | 「リーフ」のパワートレイン |

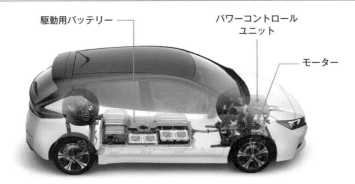

駆動用バッテリー　　　パワーコントロール
ユニット

モーター

重量が大きい駆動用バッテリーをほぼ中央の床下に配置することで、
理想に近い重量バランスや低重心化を実現している
（写真提供：日産自動車）

| 図1-10 | 「リーフ」とガソリン自動車（FF車）のコーナリングの違い |

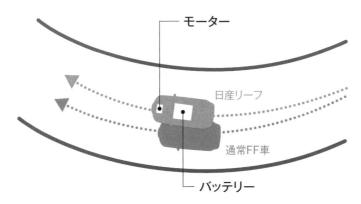

モーター

日産リーフ

通常FF車

バッテリー

「リーフ」は低重心化と高剛性ボディの採用によって、
滑らかなコーナリングを実現している

出典：日産自動車「リーフ」公式サイト（URL：https://www3.nissan.co.jp/vehicles/new/
　　　leaf/performance_safety/performance.html）をもとに作成

Point

🖉電気自動車は、理想に近い重量バランスや低重心化を実現しやすい

🖉電気自動車は、コーナリングを含む操縦性を高めやすい

🖉電気自動車は、ガソリン自動車よりも静粛性が高い

≫ 走る④　発電しながら減速

モーターはブレーキにもなる

　次に「リーフ」を運転しながら、減速してみましょう。

　電気自動車はガソリン自動車と同様に、ブレーキペダルを踏むとブレーキがかかります。「リーフ」の場合は「e-Pedal（イーペダル）」と呼ばれる機能があり、それをオンにすると、アクセルペダルを緩めるだけでもブレーキをかけることができます。

　ブレーキがかかると、油圧ブレーキだけでなく、回生ブレーキも作動します。油圧ブレーキは油圧を使って機械的に作動するブレーキ、回生ブレーキは**モーターを使ったブレーキ**です。

　そう、電気自動車では、モーターがブレーキの役割も果たすのです。

発電するブレーキ

　回生ブレーキが作動するときには、モーターは発電機として機能します（図1-11）。このため、車両の運動エネルギーの一部は、モーターで運動エネルギーから電気エネルギーに変換され、駆動用バッテリーで電気エネルギーから化学エネルギーに変換されて貯蔵されます（図1-12）。このとき、モーターにブレーキ力が発生します。

エネルギーを節約する工夫

　回生ブレーキは、油圧ブレーキをサポートするとともに、電気自動車が消費するエネルギーを節約する役目も果たしています。車両の運動エネルギーの一部を、減速のときに回収して駆動用バッテリーに貯蔵し、再び加速で使うことで**エネルギーのリサイクルを実現している**のです。

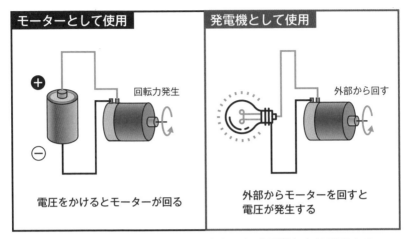

図1-11　モーターが発電機になる原理（直流モーターの場合）

モーターとして使用

回転力発生

電圧をかけるとモーターが回る

発電機として使用

外部から回す

外部からモーターを回すと
電圧が発生する

モーターは、外部からの力で回されると発電機となり発電する

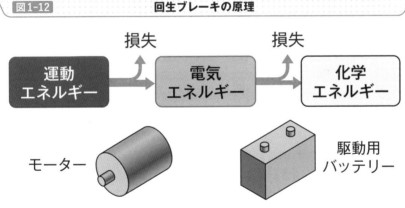

図1-12　回生ブレーキの原理

損失　　　　　損失

運動
エネルギー　→　電気
エネルギー　→　化学
エネルギー

モーター　　　駆動用
バッテリー

- 車両の運動エネルギーの一部をモーターで電気エネルギーに変換し、駆動用バッテリーで化学
エネルギーに変換して貯蔵する
- このとき運動エネルギーの一部が消費され、ブレーキ力が生じる

Point

- 電気自動車では、油圧ブレーキと回生ブレーキの両方が作動する
- 回生ブレーキは、モーターを使ったブレーキである
- 回生ブレーキを使うことで、エネルギーのリサイクルができる

≫ 走る⑤　どれだけ走り続けられるか?

走行できる距離と電欠

　電気自動車では、**走行可能な距離や駆動用バッテリーの残量を示す表示があり**、走行すればするほどその距離が短くなります。「リーフ」の場合は、運転席前方のスピードメーターの左側に走行可能な距離（km）と駆動用バッテリーの残量（％）が表示されます（図1-13）。

　もちろん、それらがゼロに近づくと駆動用バッテリーが電力の供給をできなくなり、電気自動車が走らなくなります。この状態をガス欠ではなく電欠といいます。電欠を防ぐには、あらかじめ駆動用バッテリーを十分に充電しておく必要があります。

バッテリーの容量が航続距離を左右する

　自動車が1回のエネルギー補給（給油・充電・燃料充塡）で走行できる距離は、航続距離と呼ばれます。電気自動車の航続距離は、電源である駆動用バッテリーの容量によって大きく左右されます。

　現時点では、電気自動車は用途が近距離に限定されると考えられています（図1-14）。ハイブリッド自動車（HV）やプラグイン・ハイブリッド自動車（PHV）、燃料電池自動車（FCV）などと比べて航続距離が短い車種が多いからです。

　ただし、駆動用バッテリーの容量を増やすか、低コストかつエネルギー密度が高い駆動用バッテリーが開発されれば、電気自動車の航続距離をさらに延ばすことができます。

　また、電気自動車の航続距離は、運転中の消費電力を減らすことでも延ばすことができます。例えば急加速や急減速を控え、駆動のために消費するエネルギーを節約する、もしくは空調装置（エアコン）の使用を控えれば、航続距離は延びます。

図1-13　「リーフ」の運転席の計器類

9:20　8℃

P
e-Pedal OFF

100%　360km　50592km

スピードメーターの左側に走行可能な距離（上の写真では360km）と
駆動用バッテリーの残量（上の写真では100%）が表示されている

図1-14　各種自動車の航続距離

路線バス

FCV領域

HV・PHV領域

乗用車

FCV（BUS）

EV領域　近距離用途

車両サイズ

小型宅配車両

HV

EV

FCV

宅配トラック

PHV

二輪車

移動距離

燃料　電気　ガソリン、軽油、バイオ燃料、CNG、合成燃料 etc.　水素

- EVは電気自動車、HVはハイブリッド自動車、PHVはプラグイン・ハイブリッド自動車、FCVは燃料電池自動車を示す
- 電気自動車は航続距離が短いので、近距離用途に向いている

出典：一般社団法人 日本自動車工業会「2050年カーボンニュートラルに向けた課題と取組み」
（URL：https://www.meti.go.jp/shingikai/mono_info_service/carbon_neutral_car/pdf/004_04_00.pdf）をもとに作成

Point

🖉 電気自動車の多くは、走行可能な距離やバッテリーの残量を表示する

🖉 バッテリーの残量がゼロになると電欠になり、走れなくなる

🖉 自動車が1回のエネルギー補給で走行できる距離を航続距離と呼ぶ

» 充電①　電気自動車を充電する

2つの充電ポート

　「リーフ」でのドライブを楽しんだら、今度は充電を体験してみましょう。充電は、ガソリン自動車の給油に相当する作業ですが、給油とは概念や実施する頻度が異なります。

　充電をするには、まず充電ポートのカバーを開く必要があります。「リーフ」の場合は、車内にあるレバーを引くと、車両先頭部のボンネットの上にあるカバーが開き、2つの充電ポートが姿を現します（図1-15）。これは、普通充電と急速充電で使う充電ポートが別々にあるからです。

2種類ある充電方式

　電気自動車の充電方法には、普通充電と急速充電の2種類があります（図1-16）。普通充電は、**通常行う充電方法**で、小電流を流して駆動用バッテリーを充電します。この方法は充電に長い時間を要しますが、駆動用バッテリーにかかる負担が小さいので、十分に充電することができます。自宅で普通充電を行う場合は、駐車場に充電設備を設ける必要があります。

　一方急速充電は、**外出先での電欠を防ぐための応急処置として行う充電方法**で、大電流を短時間流して駆動用バッテリーを充電します。この方法は**充電にかかる時間が30〜60分程度**で普通充電よりも短いですが、駆動用バッテリーにかかる負荷が大きくなるので、80％までしか充電できません。急速充電は、大電流を流す設備を整えた充電スタンドで行います。

　つまり、電気自動車の充電は、ガソリン自動車の給油と比べると概念が異なり、時間がかかるのです。このため、「電気自動車は不便だ」と感じる方もいるかもしれませんが、充電方法の特徴を理解すれば、電気自動車を便利に使うことができます。

| 図1-15 | 「リーフ」の先頭部にある充電ポート |

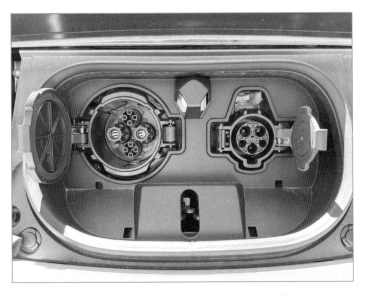

左は急速充電用、右は普通充電用のポート

| 図1-16 | 普通充電と急速充電の所要時間 |

	普通充電	急速充電
充電に 要する時間	約8時間 （6kW充電器） 約16時間 （3kW充電器）	約40分 （ただし、CHAdeMO では1回30分まで）

※充電に要する時間は、日産「リーフ」40kWhバッテリー搭載車の場合

Point

🖉 電気自動車の充電方法には、普通充電と急速充電がある

🖉 普通充電は通常行う充電方法で、急速充電よりも時間がかかる

🖉 急速充電は主に外出先で行う充電方法で、30〜60分程度かかる

» 充電② 自宅で普通充電する

毎日普通充電する

電気自動車は、基本的に毎日普通充電することを前提として設計されています。なぜならば、急速充電を繰り返すと駆動用バッテリーの劣化が早まるからです。

ただし、前節でも述べた通り、普通充電には長い時間がかかります。例えば「リーフ」（40kWh）の場合は、普通充電に8～16時間かかります。

このため、電気自動車を自家用車として利用する場合は、自宅（戸建て・マンション）で**普通充電ができる環境を整えて**、使用して自宅に戻ったら、すぐに電気自動車の充電ポートにコネクターを接続し、駆動用バッテリーを充電する必要があります（図1-17）。

燃料タンクのガソリンが空になる前にガソリンスタンドで給油するガソリン自動車とは、考え方がかなり違います。

2種類ある普通充電

自宅（戸建て・マンション）の駐車場で普通充電を行うには、自宅に供給されている電気を、専用のケーブルを使って電気自動車に送る必要があります（図1-18）。

そのための方法は2種類あります。1つは、駐車場の近くにある一般のコンセント（AC 100V）と電気自動車の充電ポートをつなぐ方法。もう1つは、**充電用コンセント**（AC 200V）と電気自動車の充電ポートをつなぐ方法です。

前者は後者よりも電圧が低く、大きな容量の電流を流せないので、後者よりも充電に時間がかかります。後者は、業者を呼んで専用のコンセントを設ける工事を実施する必要がありますが、前者よりも充電にかかる時間を短縮できます。

| 図1-17 | 自宅で行う電気自動車の普通充電 |

自宅に設けた充電用コンセントと電気自動車の充電ポートをケーブルで結ぶ
（写真提供：日産自動車）

| 図1-18 | 充電用コンセント（AC 200V） |

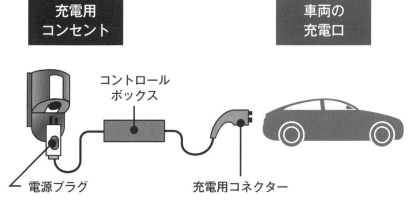

充電用コンセント　　**車両の充電口**

コントロールボックス

電源プラグ　　充電用コネクター

設置には専門の業者による工事が必要

出典：EV DAYS「EVの充電コンセント」
　　　（URL：https://evdays.tepco.co.jp/entry/2021/11/24/000024）をもとに作成

Point

🖋 電気自動車は、基本的に毎日普通充電することを前提に設計されている
🖋 電気自動車を自宅で充電するには、専用の器具が必要
🖋 普通充電には電圧が異なる2つの方法がある

充電③
外出先で充電スタンドを探す

もし電欠になりそうになったら

　もし電気自動車が外出先で電欠になりそうになったら、充電スタンドを探して充電する必要があります。充電スタンドを含む充電設備には普通充電用と急速充電用がありますが、外出先で充電するなら短時間で充電できる急速充電用を使うのが一般的です。

　急速充電できる充電スタンドは、2022年5月時点で日本全体に7,800基あります（CHAdeMO協議会調べ）。自動車が集まりやすい市街地であれば、近くの充電スタンドがすぐに見つかるでしょう。

　最寄りの充電スタンドを見つけるには、さまざまな方法があります。その主なものとしては、電気自動車に搭載されたカーナビを使って、**最寄りの充電スタンドの位置を知る方法があります**。例えば「リーフ」では、カーナビ画面を操作すると、最寄りの充電スタンド（充電スポット）の情報と、そこまでのルートが表示されます（図1-19）。

スマートフォンやPCで確認

　充電スタンドの位置は、スマートフォンやPCでも検索できます。例えばGoogleで「ev 充電」と検索して地図を表示すると、充電スタンドの位置が表示されます。また、その位置をクリックすると、充電スタンドの情報が表示され、「ルート・乗換」をクリックすると、そこまでのルートが表示されます。ただし、充電スタンドによっては、詳細な情報が得られない場合があります。

　運転前に充電スタンドの位置を確認したい方は、スマートフォン用のアプリをインストールしておくといいでしょう。例えば、「GoGoEV」と呼ばれるアプリでは、日本国内にある充電スタンドの位置と情報、そしてそこに至るまでのルートが表示されます（図1-20）。

図1-19 「リーフ」のカーナビ画面に表示された充電スポットの位置

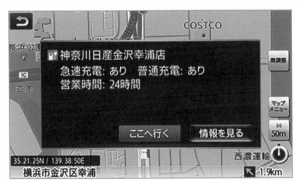

位置を選択すると充電器に関する情報が得られ、
そこに至るまでのルートが表示される

出典：日産「リーフ公式サイト」（URL：https://www.nissan.co.jp/OPTIONAL-PARTS/NAVIOM/
LEAF_SPECIAL/1709/index.html#!page?guid-5b1c6a26-3466-4ea1-92d9-2016c33c09a9&q=
%E5%85%85%E9%9B%BB%E3%82%B9%E3%83%9D%E3%83%83%E3%83%88&p=1）

図1-20 スマートフォンのアプリ「GoGoEV」の画面

運転前に充電スタンドの
位置を知るのに便利

Point

🖊 電欠になりそうになったら、カーナビの機能で充電スタンドを探す
🖊 充電スタンドの位置をスマートフォンやPCで探す方法もある
🖊 充電スタンドを探すアプリをインストールしておくと便利

» 充電④　外出先で急速充電する

充電スタンドに到着したら

　日本では、CHAdeMO（チャデモ）と呼ばれる規格の急速充電器が主に使われています。本節では、CHAdeMO規格の充電スタンドで急速充電する手順を説明します。

　電気自動車に乗って急速充電用の充電スタンドに到着したら、まず充電ケーブルのコネクターを電気自動車の充電ポートに差し込んだ後、端末を操作して充電の手続きを行います（図1-21）。

　充電にかかる料金は、現金ではなく、端末に対応した充電カードを使って支払います（図1-22）。充電カードの中には、自動車メーカーが発行しているものの他に、イオンのWAON（ワオン）などがあります。ただし、使える充電カードの種類は、充電スタンドによって異なります。

　なお、充電カードの代わりにクレジットカードで料金を支払う方法もありますが、**操作が煩雑で、料金が少し高くなることがあります。**クレジットカードで支払う場合は、まず充電スタンドの管理会社に電話してクレジットカードの情報を伝え、遠隔操作で充電可能な状態にしてもらう必要があります。

急速充電する

　充電カードを端末にタッチして充電の手続きをしたら、自動的に急速充電が始まります。その後はバッテリーの残量が一定の値（80％）に達すると、急速充電は自動的に終わります（CHAdeMOの場合は、１回の利用時間が30分に制限されます）。

　このとき使うコネクターは、普通充電で使うものより大きく、ケーブルは太くて重いです。これらは、短時間に大容量の電流を流すための工夫です。

　急速充電が終わったら、コネクターを電気自動車の充電ポートから外し、元の位置に戻します。あとは端末を操作して充電終了の手続きをすれば、充電作業は終わりです。

| 図1-21 | 充電スタンドの端末の例 |

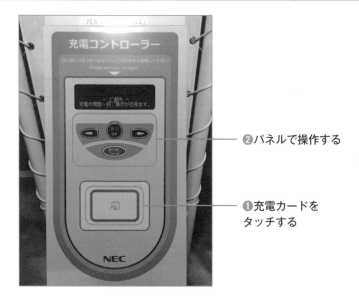

❷パネルで操作する

❶充電カードを
タッチする

| 図1-22 | 充電カードの例（e-Mobility Powerカード。旧NCSカード） |

操作端末に
タッチして使う

e-Mobility Power Web サイト「e-Mobility Power が提供する充電サービスのご案内」
(URL：https://www.e-mobipower.co.jp/user/guide/)

Point

🖊 日本では、急速充電に CHAdeMO と呼ばれる規格が主に使われている
🖊 充電スタンドを利用するには、充電カードが必要である
🖊 クレジットカードでは操作が煩雑で料金が割高になることがある

使ってわかる長所と短所

運転や充電を体験するとわかること

　ここまでは、皆さんに「リーフ」の運転や充電を疑似体験してもらいながら、電気自動車の特徴を紹介してきました。いかがだったでしょうか。

　電気自動車ならではの「静かでパワフルな走りを楽しみたい」と思った方は、乗ってみたいと思ったでしょう。一方、「充電の作業が面倒そうだ」と思った方は、乗ってみたいとは思わなかったかもしれません。あなたはどちらでしょうか。

電気自動車の長所と短所

　それではここで、利用者の視点からガソリン自動車と比べたときの電気自動車の長所と短所をまとめて見てみましょう（図1-23）。

　電気自動車の主な長所としては、走行中に環境に有害な物質を出さず、低速時から力強く、滑らかな加速が可能で、操作性や静粛性に優れている点が挙げられます。

　また、エンジンがないので、エンジンオイルやファンベルトなどの消耗品を定期的に交換する必要がなく、維持費が安く済むという長所もあります。

　一方、主な短所としては、一般的に航続距離が短く、充電作業がガソリン自動車の給油作業と大きく異なる点が挙げられます。

　また、現時点では、電気自動車はガソリン自動車よりも車両価格が割高であり、補助金を含めても導入コストが高いという弱点もあります（図1-24）。この点については、車両価格だけでなく、充電にかかる費用や維持費を含めて**トータルでかかる費用を比較する必要があります。**

　ただし、これらは利用者の視点から見た長所と短所です。本来ならば国の環境対策だけでなく、自動車産業の戦略やエネルギー政策を含めた広い視点で見た長所と短所も含めて比較する必要があります。

図1-23	電気自動車とガソリン自動車の比較

	ガソリン自動車	電気自動車
駆動に使う動力源	ガソリンエンジン	モーター
走行時に発生する有害物質	あり	なし
走行時に発生する音	大きい	小さい
航続距離	長い	短い（一部車種除く）
エネルギー補給に要する時間	短い（数分）	長い（急速充電で30〜60分程度）
車両価格	安い	高い

図1-24	航続距離と車両価格の違い（2023年3月時点）

	車種	駆動用バッテリー容量	航続距離（WLTCモード）	車両価格（消費税込）
ガソリン自動車	トヨタ「ヤリス」X		808km（※）	147万円
	ホンダ「フィット」BASIC		748km（※）	159万2,800円
ハイブリッド自動車	トヨタ「プリウス」Z	非公開	1,230km（※）	370万円
	日産「ノートe-power」X	非公開	1,427km（※）	224万9,500円
電気自動車	日産「リーフ」X	40kWh	322km	408万1,000円
	テスラ「モデル3」	非公開	565km	536万9,000円

※燃費×燃料タンク容量で計算　　　　　　　　　　WLTCモード：国際的な燃費の測定方法

Point

🖊 電気自動車とガソリン自動車は、それぞれ長所と短所がある

🖊 電気自動車は、ガソリン自動車よりも車両価格が割高である

🖊 両者は広い視野で比較し、それぞれ評価する必要がある

やってみよう

近所の充電スタンドの位置を確認してみよう

スマートフォンで検索する

1-10で述べたように、充電スタンドの位置は、スマートフォンで確認できます。ぜひ「Google」などの検索サイトや、「GoGoEV」などのアプリを使って、現在地の近くにある充電スタンドの位置を探してみてください。

PCで検索する

充電スタンドの位置は、PCでも検索できます。電気自動車でドライブする前に、広範囲の充電スタンドの位置を確認するならば、画面が大きいPCの方が便利です。ただしドライブ中に、現在地から充電スタンドまでのルートをナビゲートしてくれる点では、スマートフォンのアプリを使う方が便利です。

━━ 充電スタンドの位置

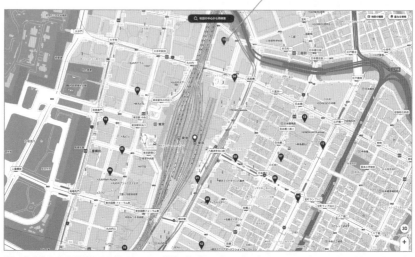

PCで検索した東京駅近辺の充電スタンドの位置（NAVITIMEより引用）

第 2 章

電気自動車の構造と仲間

~パワートレインの違いで理解する~

》電気自動車の基本構造

ボディとシャーシ

　自動車の主要な部品には、ボディとシャーシがあります（図2-1）。ボディは人や物を搭載する箱状の構造物です。シャーシは車輪がついた走行装置で、ボディに伝わる振動や衝撃を緩和するサスペンションもこれに含まれます。つまり、電気自動車は、シャーシの上にボディが載った構造になっているのです。

　電気自動車のボディの構造は、ガソリン自動車とほぼ同じです。一方、電気自動車のシャーシの構造も、パワートレインと呼ばれる駆動に関係する機器の集合体以外は、ガソリン自動車と基本的に同じです。

特徴はパワートレイン

　1-2でも触れたように、電気自動車とガソリン自動車の大きな違いは、パワートレインの構造にあります。

　電気自動車のパワートレインは、主にモーターやパワーコントロールユニット、そして駆動用バッテリーによって構成されています。

　電気自動車のパワートレインの構造は、ガソリン自動車のそれよりもシンプルです。これは、エンジンやトランスミッションのような部品点数が多い部品がないからです。

　このため、電気自動車は、ガソリン自動車よりも全体の部品点数が少ないです（図2-2）。部品点数は数え方によって変わりますが、細かく数えるとガソリン自動車では3〜10万点であるのに対して、電気自動車では1〜2万点とされています。

　なお、電気自動車は、ガソリン自動車よりも**ブラックボックス化された部品が多い**ので、その整備にはガソリン自動車とは異なる専門知識が必要とされます。

図2-1 　乗用車の基本構造（ガソリン自動車）

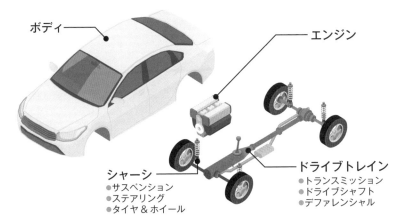

自動車はシャーシの上にボディが載った構造になっている

出典：Freepik／著作者：macrovector

図2-2 　ガソリン自動車と電気自動車の部品点数

	ガソリン自動車	電気自動車
車体構造	複雑	シンプル
部品数	3万〜10万点	1万〜2万点
動力源	エンジン	モーター
主要部品	クラッチ、マフラー ラジエーター、燃料タンク、 変速機、エンジン	駆動用バッテリー、 パワーコントロールユニット、 モーター

電気自動車はガソリン自動車よりも部品点数が少ない

Point

- 電気自動車の部品はボディとシャーシに大別される
- シャーシの「駆動に関係する部分」は、パワートレインと呼ばれる
- 電気自動車のパワートレインは、ブラックボックス化された部品が多い

》 電気自動車の種類

狭義と広義

次に、電気自動車の種類を見ていきましょう。

電気自動車には狭義と広義があります（図2-3）。狭義の電気自動車は、これまで紹介してきたバッテリーを電源としてモーターで駆動する自動車です。広義の電気自動車は、モーターで駆動するすべての電動自動車を示しており、ハイブリッド自動車（HV）やプラグイン・ハイブリッド自動車（PHV）、燃料電池自動車（FCV）などが含まれます。このため、狭義の電気自動車をバッテリー式電気自動車（BEV）、広義の電気自動車を電動自動車（xEV）と呼ぶこともあります（図2-4）。

そこで本書では、国内における一般的な呼び方に合わせるため、狭義のバッテリー式電気自動車を電気自動車（EV）、広義の電気自動車を電動自動車と呼ぶことにします。

電動自動車が開発された背景

先ほど紹介した電動自動車は、一般的に「エコカー」と呼ばれます。ガソリン自動車と比べると、走行中に排出する有害な排気ガスが少ない、もしくは出さないからです。

このようなエコカーが開発された背景には、ガソリン自動車やディーゼル自動車が出す排気ガスが、大気汚染や地球温暖化の原因になると問題視されたからです。

つまり、**近年登場した電動自動車は、ガソリン自動車やディーゼル自動車が引き起こした問題を解決するために開発されてきた**のです。このうち電気自動車と燃料電池自動車はエンジンがなく、走行中に有害な排気ガスを出さないため、「究極のエコカー」とも呼ばれています。

| 図2-3 | 電気自動車の狭義と広義 |

バッテリー式電気自動車（EV） ── 狭義

- ●ハイブリッド自動車（HV）
- ●プラグイン・ハイブリッド自動車（PHV）
- ●燃料電池自動車（FCV）　など

── 広義

| 図2-4 | 主な電動自動車の種類 |

	日本語表記	英語表記	略　称
電動自動車（xEV）	電気自動車	Electric Vehicle (Battery Electric Vehicle)	EV（BEV）
	ハイブリッド自動車	Hybrid Vehicle (Hybrid Electric Vehicle)	HV（HEV）
	プラグイン・ハイブリッド自動車	Plug-in Hybrid Vehicle (Plug-in Hybrid Electric Vehicle)	PHV（PHEV）
	燃料電池自動車	Fuel Cell Vehicle (Fuel Cell Electric Vehicle)	FCV（FCEV）

Point

- ✎ 狭義の電気自動車はバッテリー式電気自動車（BEV）とも呼ばれる
- ✎ 広義の電気自動車は、モーターで駆動する電動自動車（xEV）全体を指す
- ✎ 近年登場した電動自動車は、環境問題を緩和するために開発された

» 種類による構造の違い

パワートレインの違い

前節で紹介した4種類の電動自動車とガソリン自動車では、パワートレインの構造がそれぞれ異なります（図2-5）。電気自動車は比較的構造がシンプルであるのに対し、ハイブリッド自動車やプラグイン・ハイブリッド自動車、燃料電池自動車は、構造が複雑になっています。

ハイブリッド自動車やプラグイン・ハイブリッド自動車は、ともにモーターとエンジンの両方があります。プラグイン・ハイブリッド自動車は外部電源によって充電ができるハイブリッド自動車で、電気自動車と同様に充電ポートがあります。

電気自動車と燃料電池自動車は、モーターから伝わる動力のみで駆動します。走行中に有害な排気ガスや大きな音を出さないのは、それらの発生源であるエンジンがないからです。

航続距離が長い電動自動車

1-7でも述べたように、一般的に電気自動車はガソリン自動車よりも航続距離が短いという弱点があります。電気自動車以外の3種類の電動自動車は、この弱点を補う目的で開発されました。

ハイブリッド自動車は、ガソリン自動車にエネルギーをリサイクルするシステムを組み合わせてあるので、ガソリン自動車よりも航続距離が長く、**乗用車では航続距離が1,000kmを超える車種も存在します**。また、プラグイン・ハイブリッド自動車は、電気自動車と同様に外部電源によって駆動用バッテリーの充電ができるので、航続距離をさらに延ばすことが可能です。

燃料電池自動車は、電気自動車に、燃料電池と呼ばれる発電装置と燃料タンクを追加した構造になっており、電気自動車よりも航続距離が長いという特長があります。

図2-5 各種電動自動車のパワートレインの構造 （トヨタの例）

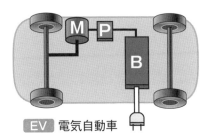

EV 電気自動車

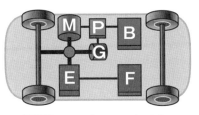

HV ハイブリッド自動車
（スプリット方式）

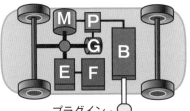

PHV プラグイン・
ハイブリッド
自動車 （スプリット方式）

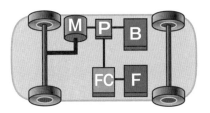

FCV 燃料電池自動車

M モーター	B 駆動用バッテリー
E エンジン	F 燃料タンク
G 発電機	FC 燃料電池
P パワーコントロールユニット	⊥ 外部電源

電気自動車とプラグイン・ハイブリッド自動車は、外部電源
によって駆動用バッテリーを充電できる

Point

⟋ 電動自動車のパワートレインの構造は、種類によって異なる
⟋ 電気自動車は、一般的にガソリン自動車よりも航続距離が短い
⟋ ハイブリッド乗用車の中には、航続距離が1,000kmを超える車種もある

》 電動自動車の共通点

エネルギーのリサイクル

　現在販売されている電動自動車のパワートレインには共通点があります。**いずれも大容量の駆動用バッテリー（二次電池）を搭載しており、回生ブレーキ**を使用できる構造になっていることです。

　これらの技術によってエネルギーのリサイクルが可能になり、電動自動車全体のエネルギー効率が上がりました。このことが、電力や燃料の消費量を減らし、航続距離を延ばす大きな要因になっています。

エネルギー効率を高める回生ブレーキ

　回生ブレーキは、モーターを使うブレーキです。モーターが発電機にもなるという性質を利用して、減速時に車輪によってモーターを回し、発電した電気を駆動用バッテリーに充電することでブレーキ力を得ます（図2-6）。

　回生ブレーキは、現在すべての電動自動車で導入されています。そこで、減速時にどのようにエネルギーを変換しているのか、ガソリン自動車と比べながら説明します。

　従来のガソリン自動車では、減速するときに、自動車の運動エネルギーを油圧ブレーキやエンジンブレーキによって熱エネルギーに変換し、それを大気に放出していました。つまり、**エネルギーを捨てていた**のです。

　現在の電動自動車は、回生ブレーキと油圧ブレーキの両方を使って減速します。回生ブレーキを使うときは、自動車の運動エネルギーの一部をモーターで電気エネルギーに変換し、駆動用バッテリーで化学エネルギーに変換して貯蔵します。つまり、従来捨てていたエネルギーの一部を回収して駆動用バッテリーの充電に使い、次の加速時に放電してモーターを回せるようにすることで、**エネルギーのリサイクルを可能にしている**のです。

| 図2-6 | 加速時と減速時のエネルギー変換 |

ガソリン自動車

エンジンで駆動

加 速

燃料

損失　損失
化学 → 熱 → 運動

エンジンで燃料を燃やし
動力を得る

減 速

損失　放出
運動 → 熱

ブレーキで熱に変換し
大気に放出（捨てる）

電気自動車

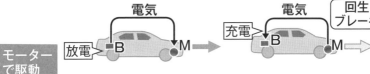
モーターで駆動

加 速

電気
放電←B　M

損失　損失
化学 → 電気 → 運動

駆動用バッテリーが放電
電気でモーターが回る

減 速

電気　回生ブレーキ
充電→B　M

損失　損失
運動 → 電気 → 化学

エネルギーを回収
駆動用バッテリーに充電

F	ガソリンタンク	化学	熱	運動	電気
E	エンジン				
B	駆動用バッテリー	化学	熱	運動	電気
M	モーター	エネルギー	エネルギー	エネルギー	エネルギー

Point

🖋 現在の電動自動車は、大容量バッテリーと回生ブレーキを採用している
🖋 ガソリン自動車は、減速時に多くのエネルギーを捨てている
🖋 回生ブレーキを使うと電動自動車のエネルギー効率が上がる

≫ ハイブリッド自動車①
動力伝達方式

エンジンとモーターで動く

　ハイブリッド自動車は、一般的にエンジン駆動とモーター駆動という2つのシステムを混成（Hybrid）させた自動車を指します。このため、**従来のガソリン自動車よりも構造が複雑で、車両価格が高くなっています。**

　世界で最初の量産型ハイブリッド乗用車は、1997年に販売開始されたトヨタの初代「プリウス」です（図2-7）。

動力伝達方式は3種類

　ハイブリッド自動車には、パワートレインの動力伝達方式が異なる3つの種類があります（図2-8）。シリーズ方式とパラレル方式、そしてシリーズ・パラレル方式です。なお、これらの他にハイブリッド自動車の利点を部分的に採り入れた「マイルドハイブリッド」などと呼ばれる簡易方式も存在しますが、本書では説明を割愛します。

　これら3つの動力伝達方式には、それぞれ一長一短があります。**2-6 ～2-8**では、それらの特徴を説明します。

早期に量産化されたニッケル水素電池

　ハイブリッド自動車は、駆動用バッテリーとして主にニッケル水素電池を採用しています。ニッケル水素電池は、リチウムイオン電池よりも安全性や信頼性が高く、早期に量産化された二次電池だからです。なお現在は、リチウムイオン電池を採用した車種も存在します。

　なお、駆動用バッテリーと補機用バッテリーの違いについては、**4-3**で詳しく説明します。

| 図2-7 | 世界初の量産型ハイブリッド乗用車 |

トヨタが 1997 年に販売開始した初代「プリウス」
（写真提供：トヨタ自動車）

| 図2-8 | ハイブリッド自動車で使われている3つの動力伝達方式 |

動力伝達方式	代表的な車種
シリーズ方式	日産「ノートe-POWER」
パラレル方式	ホンダ「インサイト」
シリーズ・パラレル方式	トヨタ「プリウス」

Point

⬚ ハイブリッド自動車はガソリン自動車よりも構造が複雑で高価である
⬚ ハイブリッド自動車の動力伝達方式は主に3種類ある
⬚ ハイブリッド自動車は、主にニッケル水素電池を採用している

» ハイブリッド自動車②
シリーズ方式とパラレル方式

エンジンで発電機を回すシリーズ方式

シリーズ方式は、**駆動系の機器を直列に配置した方式**です（図2-9）。エンジンが発電機を回し、発電した電気でモーターを回し、車輪を駆動させます。

エンジンの動力は発電機を回すためだけに使われるので、車輪の駆動には直接関わりません。このため、「エンジンの動力で発電する発電機を搭載した電気自動車」ともいえます。電流は、発電機からパワーコントロールユニットを介してモーターや駆動用バッテリーに流れます。

シリーズ方式を採用した乗用車の代表例には、日産の「e-POWER」と呼ばれるシステムを採用した「ノート e-POWER」（図2-10）や「セレナ e-POWER」があります。これらには、同社の電気自動車である「リーフ」の技術が多く使われています。

エンジンとモーターの両方で車輪を駆動するパラレル方式

パラレル方式は、**駆動系の機器を並列に配置した方式**です。車輪の駆動には、エンジンとモーターの両方が関わります。エンジンの動力は、トランスミッションやクラッチ、減速機（歯車装置）を介して車輪に伝わります。

モーターの動力は、減速機を介して車輪に伝わります。モーターに電流を流さなければエンジンだけで駆動できますし、エンジンの動力でモーターを回すことで発電した電気を駆動用バッテリーに充電できます。また、クラッチでエンジンを切り離せば、モーターのみで駆動することもできます。

パラレル方式を採用した乗用車の代表例には、ホンダの「IMAシステム」を導入した「インサイト」（図2-11）や「フィットハイブリッド」があります。

| 図2-9 | シリーズ方式とパラレル方式のしくみ |

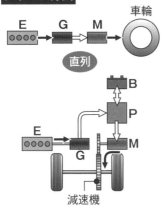

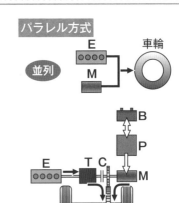

動力 ➡		電力 ⇒	
E	エンジン	P	パワーコントロールユニット
M	モーター	T	トランスミッション
G	発電機	C	クラッチ
B	駆動用バッテリー		

駆動系の機器は、シリーズ方式では直列に、
パラレル方式では並列に並んでいる

| 図2-10 | 日産の初代「ノートe-POWER」 |

（写真提供：日産自動車）

| 図2-11 | ホンダの初代「インサイト」 |

（写真提供：本田技研工業）

Point

📝 シリーズ方式では、駆動系の機器を直列に配置している

📝 パラレル方式では、駆動系の機器を並列に配置している

» ハイブリッド自動車③ シリーズ・パラレル方式

2つの駆動方式を組み合わせたシリーズ・パラレル方式

シリーズ・パラレル方式は、シリーズ方式とパラレル方式を組み合わせた方式です。この方式の長所は、走行状況に応じて複数の動力伝達モードを自動的に切り替えることで、エンジンとモーターの出力特性がよい部分をそれぞれ利用でき、燃費の向上が図れることです。短所は、パワートレインの構造が複雑になり、コストが増大することです。

シリーズ・パラレル方式には、主にクラッチを使う方式と、動力分割機構を使う方式（スプリット方式）の2種類があります（図2-12）。これらの方式は、クラッチや動力分割機構によって駆動系からエンジンを切り離すことができるので、停車中にエンジンの動力で発電して駆動用バッテリーを充電することや、走行中にエンジンを停止させて、電気自動車のようにモーターのみで駆動できます。

なお、トヨタは、動力分割装置として遊星歯車機構を使うスプリット方式を採用しています。この方式については次節で詳しく説明します。

パワーコントロールユニットによる動力伝達モードの切り替え

シリーズ・パラレル方式は、**パワーコントロールユニットが最適な動力伝達モードを選び、自動的に切り替えます**（図2-13）。つまり、走行速度やモーターにかかる負荷、駆動用バッテリーの残量などの情報を入力信号として得たうえで、最も適した動力伝達モードを瞬時に選び、動力伝達モードを切り替える信号を出力しているのです。

選択する動力伝達モードには、シリーズ方式を採用するシリーズモード、パラレル方式を採用するパラレルモード、そしてどちらにも属さない過渡モードがあります。

図2-12 シリーズ・パラレル方式のしくみ

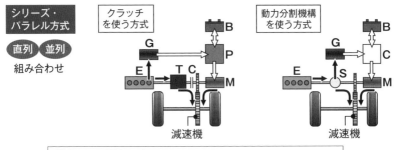

必要に応じてシリーズ方式やパラレル方式に切り替えられる構造になっている

図2-13 シリーズ・パラレル方式のモードの切り替え

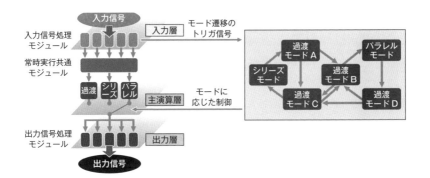

走行速度や走行条件に応じて最適な動力伝達モードを選び、自動的に切り替える

出典：廣田幸嗣・足立修一編著、出口欣高・初田匡之・小笠原悟司共著『電気自動車の制御システム』
　　（森北出版）の図4.12を参照して作図

Point

✐ シリーズ・パラレル方式には、動力分割機構が異なる種類がある

✐ シリーズ・パラレル方式は、条件に応じて動力伝達モードを切り替える

≫ ハイブリッド自動車④ スプリット方式

遊星歯車機構による動力分割機構

前節で触れたように、トヨタのハイブリッド自動車は、シリーズ・パラレル方式の一種であるスプリット方式を採用しています。これは、遊星歯車機構を利用した動力分割機構を採用したものです。

遊星歯車機構は、**3つの回転系を持つ歯車機構**で、太陽系の惑星が太陽の周りを回るように歯車が動くことからそう呼ばれています（図2-14）。中央にある歯車は太陽歯車（サンギア）、その周りを回る歯車は遊星歯車（プラネタリーギア）、さらにその外側を回る歯車は内歯歯車（インナーギア）と呼ばれています。遊星歯車の回転軸は、遊星キャリアにあります。ここでは便宜上、太陽歯車の回転軸をⒶ、遊星キャリアの回転軸をⒷ、内歯歯車の回転軸をⒸと呼ぶことにしましょう。

動力分割機構によるモード切り替え

トヨタのハイブリッド自動車では、Ⓐが発電機、Ⓑがエンジン、Ⓒが車輪とモーターに接続しています（図2-15）。停車中に駆動用バッテリーを充電するときは、Ⓒが停止したままエンジンの動力が発電機に伝わります。モーターのみで車輪を駆動するときは、Ⓑが停止したままモーターの動力が車輪と発電機に伝わります。エンジンとモーターの両方で車輪を駆動するときには、Ⓐ・Ⓑ・Ⓒがすべて回転して、エンジンとモーターの動力を車輪に伝えます。

この方式の長所は、走行状況に応じて複数の動力伝達モードを自動的に切り替えることで、エンジンとモーターの出力特性がよい部分をそれぞれ利用でき、燃費の向上が図れることです。短所は、パワートレインの構造が複雑になり、コストが増大することです。

図2-14 動力分割機構として使われている遊星歯車機構

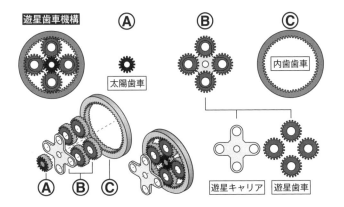

図2-15 スプリット方式の動力伝達のモードの種類

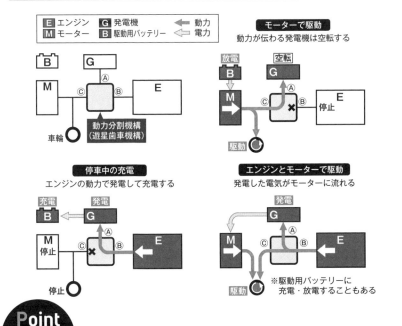

Point

- トヨタのハイブリッド自動車は、遊星歯車機構を用いたスプリット方式を採用している
- 遊星歯車機構には、3つの回転系がある

電気自動車と
変化する市場の状況

駆動用バッテリーだけを電源とする自動車

　電気自動車のパワートレインは、ハイブリッド自動車よりも**シンプル**です（図2-16）。基本的に、車輪を駆動するモーターと、パワーコントロールユニット、そして駆動用バッテリーで構成されているからです。例えば日産「リーフ」の場合は、モーターとパワーコントロールユニットが前方のボンネット部分にあり、駆動用バッテリーが車両の中央部の床下にあります。

　駆動用バッテリーには、リチウムイオン電池が使われています。リチウムイオン電池は、ニッケル水素電池よりも高価である反面、大容量化が可能で、継ぎ足し充電がしやすいなどの利点があるからです。

　電気自動車の大きな弱点としては、一般的にガソリン自動車やハイブリッド自動車と比べて**航続距離**が短く、**車両価格**が高価であることです。この大きな要因になっているのが、駆動用バッテリーの容量が小さく、高価であることです。なお、テスラの「モデル3」のように、駆動用バッテリーの容量を増やすことで500km以上というガソリン自動車並みの航続距離を実現した電気自動車もありますが、車両価格が500万円以上と非常に高価です。

中国やアメリカが台頭

　リチウムイオン電池を搭載した本格的な電気自動車の乗用車は、日本で生まれました。2009年には軽自動車をベースとした三菱の初代「i-MiEV（アイミーブ）」、2010年には日産の初代「リーフ」（図2-17）の一般販売がそれぞれ開始されました。

　現在は、電気自動車市場の状況が大きく変化しています。アメリカのテスラ、中国のBYDなどの**海外メーカーが電気自動車市場に参入して、それぞれが販売台数を増やしているから**です。

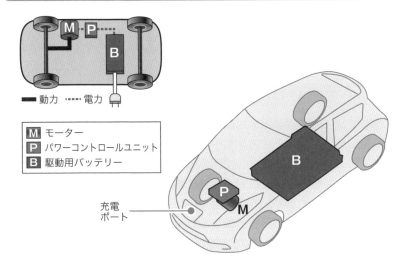

| 図2-16 | 日産「リーフ」のパワートレイン |

━ 動力　┈┈ 電力

M モーター
P パワーコントロールユニット
B 駆動用バッテリー

充電
ポート

重い駆動用バッテリーが車両のほぼ中央の床下に配置されている

| 図2-17 | 日産が2010年に販売開始した初代「リーフ」 |

（写真提供：日産自動車）

Point

⟋電気自動車のパワートレインは構造がシンプルである

⟋電気自動車には、航続距離が短いなどの弱点がある

⟋近年は海外の自動車メーカーが電気自動車の販売台数を増やしている

充電ができる プラグイン・ハイブリッド自動車

外部電源で充電可能

プラグイン・ハイブリッド自動車は、ハイブリッド自動車を改良したもので、電気自動車のように充電スタンドなどの**外部電源で駆動用バッテリーを充電できる**構造になっています（図2-18）。駆動用バッテリーには、ハイブリッド自動車よりも容量が大きいものが採用されています。

プラグイン・ハイブリッド自動車には、長所と短所があります。

長所は、内燃機関と燃料を搭載しているので、**電気自動車よりも航続距離が長い**ということです。また、あらかじめ駆動用バッテリーを充電し、燃料タンクを満タンにしておけば、ハイブリッド自動車よりも長い距離を連続で走れます。

短所は、ハイブリッド自動車や電気自動車よりも**構造が複雑になるので、車両価格が高い**点です。

代表的な国産車種

国内メーカーが開発した代表的なプラグイン・ハイブリッド自動車には、トヨタの「プリウスPHV」（図2-19）や、三菱の「アウトランダーPHEV」（図2-20）があります。これらはそれぞれハイブリッドシステムの構造が異なっており、「プリウスPHV」はスプリット方式、「アウトランダーPHEV」はシリーズ方式をそれぞれ採用しています。

「アウトランダーPHEV」は、「ガソリン発電機つきの電気自動車」とも表現できます。近距離であればエンジンをほとんど動かさずに電気自動車として走れるからです。ただし、モーターに大きな負荷がかかる、もしくは駆動用バッテリーの残量が少なくなると自動的にエンジンを始動して発電し、モーターや駆動用バッテリーに電力を供給します。

図2-18	プラグイン・ハイブリッド自動車のパワートレイン

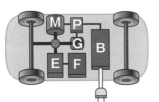

PHV スプリット方式

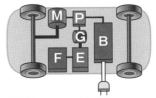

PHV シリーズ方式

M	モーター	B	駆動用バッテリー
E	エンジン	F	燃料タンク
G	発電機		外部電源
P	パワーコントロールユニット		

図2-19	トヨタが2012年に販売開始した初代「プリウスPHV」

動力伝達は
スプリット式
（写真提供：トヨタ自動車）

図2-20	三菱が2013年に販売開始した初代「アウトランダーPHEV」

動力伝達は
シリーズ方式
（写真提供：三菱自動車）

Point

✐プラグイン・ハイブリッド自動車は、外部電源で充電ができる

✐プラグイン・ハイブリッド自動車は、電気自動車よりも航続距離が長い

✐プラグイン・ハイブリッド自動車は、構造が複雑で車両価格が高い

≫ 水素で走る燃料電池自動車

燃料電池は発電装置

　燃料電池自動車は、燃料電池を搭載した電気自動車です。燃料電池とは、燃料を消費して発電する発電装置です。発電した電気は、パワーコントロールユニットを介してモーターや駆動用バッテリーに流れ、車輪の駆動や充電に使われます（図2-21）。

　現在量産されている燃料電池自動車の燃料は、水素です。燃料電池は、高圧水素タンクに貯蔵した水素を、空気中の酸素と電気化学反応させて発電します。この電気化学反応で生成されるのは、環境に無害な水です。

水素ステーションがないと走れない

　燃料電池自動車の長所は、電気自動車と同様に、走行中に環境に有害な物質を排出せず、大きな音を出さないことです。このため、先述した電気自動車とともに**ZEV**（Zero Emission Vehicle：無公害車）とされています。また、一般的に**電気自動車よりも航続距離が長い**ことも大きな特長です。

　短所は、燃料電池や駆動用バッテリーの内部にある触媒や電極に白金（プラチナ）やコバルトなどの**レアメタル**が使われているため、車両価格が高価であり、材料の輸入に関わる**資源リスク**が伴うこと、そして、**水素ステーション**が少ないと**水素を補給する機会が少なくなり不便を強いられる**ことが挙げられます。

　燃料電池自動車はすでに量産車として一般販売されています。乗用車としてはもちろん、バスやトラックといった大型車としても使われています。その代表例には、トヨタの乗用車である「ミライ」（図2-22）や、同社が開発したバスの「ソラ」（図2-23）があります。「ソラ」は、都営バスなどですでに導入されています。

図2-21 初代「ミライ」のパワートレイン

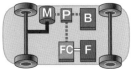

- ━ 動力 ┈ 電力 ═ 水素

M	モーター
P	パワーコントロールユニット
B	駆動用バッテリー
F	高圧水素タンク
FC	FCスタック（燃料電池）

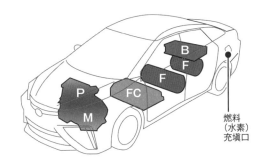

燃料（水素）充填口

図2-22 トヨタが開発した初代「ミライ」

世界初の量産型燃料電池自動車として2014年に販売が開始された。

（MEGA WEBにて著者撮影）

図2-23 トヨタが開発した燃料電池バス「ソラ」

（写真提供：トヨタ自動車）

Point

- 燃料電池自動車は、燃料電池を搭載した電気自動車である
- 燃料電池自動車は、電気自動車よりも航続距離が長い
- 水素ステーションが少ない地域では、不便を強いられる

» 小回りが利く超小型モビリティ

コンパクトな電動車両

　公道を走行できる車両の中には、一般の乗用車よりもコンパクトな「超小型モビリティ」と呼ばれるものがあります。国土交通省はこの車両を、「自動車よりもコンパクトで小回りが利き、環境に優れ、地域の手軽な移動の足となる**1人から2人乗り程度の車両**」と定義しています。

　現在国内で使われている超小型モビリティは、環境性能を高めるためにすべて電動化されているので、「小型EV」と呼ばれることもあります。最高速度は時速60kmに制限されているので、高速道路での走行はできません。現在日本で運転するには普通自動車免許が必要です。

多様な使い道

　超小型モビリティは、環境性能が高いだけでなく、都市や地域の新たな移動手段とされており、高齢者や子育て世代の足として機能し、観光や地域振興に役立たせることが期待されています。

　その実証実験は、すでに国内で行われてきました。例えばトヨタが2013年に発表した「i-ROAD（アイロード）」は、東京圏などの一部地域で行われた**カーシェアリングサービス**の実証実験に使われました（図2-24）。

　現在は本格的な導入が始まっています。例えばトヨタが2020年に販売を開始した「C⁺pod（シーポッド）」は、愛知県豊田市などの自治体で公用車やカーシェアリングサービス、訪問診療、デリバリーサービスに用いる車両として導入されています（図2-25）。

　ただし、**日本全体で見ると認知度が低く、普及しているとはいいがたい状況**です。この状況を打破するには、利用方法をより簡便にして、道路交通法上での規制を緩和する必要があります。

トヨタの2人乗りの超小型モビリティ「i-ROAD（アイロード）」

3輪の電動トライクで、カーブで車体を自動的に傾斜させるのが特長

トヨタの2人乗りの超小型モビリティ「C⁺pod（シーポッド）」

4輪の電動車両で、愛知県豊田市などのカーシェアリングサービスに使われている

Point

- 超小型モビリティは、定員が1～2人の小型車両で公道を走行できる
- 日本では、超小型モビリティが一部の自治体で導入されているものの、認知度は低い

やってみよう

電気自動車のボンネットを開けてみよう

　パワートレインの構造の違いは、自動車の前部にあるボンネットを開けることで知ることができます。

　ガソリン自動車の場合は、ほぼ中央にエンジンがあり、先頭部にエンジンを冷却するための大きなラジエーターがあります。電気自動車にも機器を冷却するためのラジエーターがありますが、ガソリン自動車ほどサイズが大きくはありません。

　例えば日産「リーフ」では、ほぼ中央にパワーコントロールユニット、右側に補機用バッテリーがあります。車輪に動力を伝えるモーターは、パワーコントロールユニットの真下にあります。ラジエーターはカバーに覆われていて見えません。

　なお、電気自動車では大電流が流れている部品があるので、感電を防ぐためにボンネット内部の機器をみだりに触らないでください。

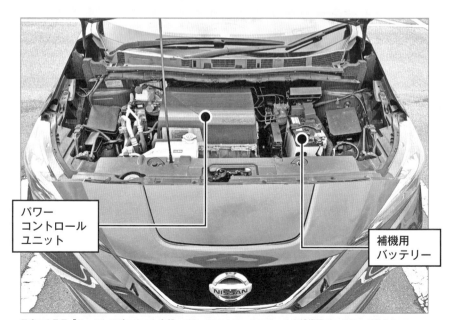

パワー
コントロール
ユニット

補機用
バッテリー

日産の2代目「リーフ」のボンネット内部。パワーコントロールユニットや補機用バッテリーが見える

第3章

電気自動車の歴史

~3つのブームを経て飛躍的発展~

》 ガソリン自動車よりも古い歴史

エンジンがない電気自動車

　電気自動車は、ガソリン自動車よりも先に開発されました。電気自動車は、近年になって注目されるようになったため、「新しいタイプの自動車」というイメージがありますが、実はガソリン自動車よりも登場が早かったのです。世界で最初の本格的なガソリン自動車は、1885年にドイツのカール・ベンツが開発した3輪乗用車（図3-1）とされているのに対して、電気自動車は1870年代からイギリスで存在していました。

　電気自動車は、ガソリン自動車よりも開発が容易でした。初期の電気自動車に使われたモーター（直流モーター）やバッテリー（鉛蓄電池）は、ガソリンエンジンよりも先に実用化されていたからです。

3つの電気自動車ブーム

　電気自動車とガソリン自動車は、歴史的に見て不思議な関係があります。電気自動車は、ガソリン自動車の発達とともに衰退したにもかかわらず、**ガソリン自動車が環境に与える影響が問題視されるたびに復活する**という歴史を繰り返してきたのです。

　世界全体で電気自動車が注目された時期は主に3つあります（図3-2）。本書では便宜上それらをそれぞれ「第1次ブーム」「第2次ブーム」「第3次ブーム」と呼ぶことにします。「第1次ブーム」は、初期の電気自動車の開発が本格化した1880年代から、ガソリン自動車が発達した1910年代。「第2次ブーム」は、**3-5**で解説するZEV規制が成立してからの20年程度。「第3次ブーム」は、2010年頃にリチウムイオン電池を搭載した電気自動車が量産化されてから現在までを指します。なお、日本では、これらのブームとは別に、電気自動車が注目された時期が2回ありました。

図3-1 1885年にカール・ベンツが開発した3輪乗用車

世界初の本格的なガソリン自動車とされる
（ベルリンにあるドイツ技術博物館にて著者撮影）

図3-2 電気自動車の歴史

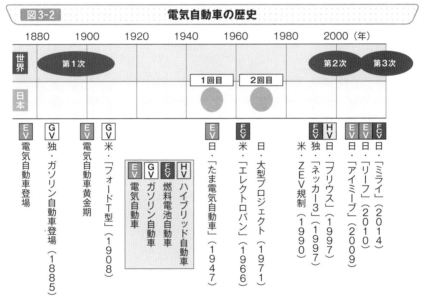

- ●世界全体では電気自動車のブームが3回あった
- ●日本では、これらとは別に2回のブームがあった

Point

- 🖊 電気自動車はガソリン自動車よりも先に開発された
- 🖊 電気自動車はガソリン自動車が問題視されるたびに注目された
- 🖊 世界全体における電気自動車のブームは3回あった

》 電気自動車の第1次ブーム

都市部で増えた電気自動車

　最初に紹介する電気自動車の「第1次ブーム」は、直流モーターと鉛蓄電池を搭載した初期の電気自動車が発達した期間です。**当時はガソリン自動車の技術が未熟だった**ので、電気自動車は、それまで存在した蒸気自動車（蒸気エンジンの力で駆動する自動車）に代わる存在として期待されました。

　1880年代には、イギリスやフランス、ドイツで電気自動車が開発・販売され、都市部を中心に保有台数が増えました。1889年には、イギリスのロンドンで電気バスが走り出しました。

20世紀初頭に実在したハイブリッド自動車

　1898年には、オーストリア人のフェルディナイト・ポルシェが電気自動車「ローナー・ポルシェ」を開発しました（図3-3）。これは**インホイールモーター**（車輪に内蔵したモーター）で駆動する画期的な乗用車でした。

　1899年には、フランスで開発された電気自動車「ジャメ・コンタント」が試験走行で105.9km/hを記録し、**自動車史上初めて100km/hを突破しました**（図3-4）。

　1900年には、先ほど紹介したポルシェがハイブリッド自動車「ローナー・ポルシェ・ミクステ」を開発しました。これはガソリン発電機を搭載して航続距離を延ばした電気自動車であり、ガソリンエンジンとモーターで駆動する**シリーズ方式**のハイブリッド自動車でした。

　一方アメリカでは、1890年代から1910年代頃まで電気自動車は運転が容易な自動車として大量製造されました。これがアメリカにおける電気自動車の黄金期です。

　電気自動車はアメリカの都市部を中心に使われ、主要都市ではタクシー用の乗用車として大量投入されました。

| 図3-3 | フェルデナイト・ポルシェが開発した「ローナー・ポルシェ」 |

インホイールモーター（矢印）を導入した画期的な電気自動車
（写真：brandstaetter ／アフロ）

| 図3-4 | カミーユ・ジェナッツィが開発した電気自動車「ジャメ・コンタント」 |

世界で最初に100km/hを超えた自動車でもある
（写真：The Brigeman Art Library ／アフロ）

Point

🖉 電気自動車は、ガソリン自動車の技術が未熟だった時代に発達した

🖉 100km/hを最初に突破した自動車は電気自動車だった

🖉 1900年にはシリーズ方式のハイブリッド自動車も開発された

石油革命と自動車の大衆化

庶民の高嶺の花だった自動車

　並行してガソリン自動車の開発も進められましたが、保有台数はなかなか増えませんでした。**当時のガソリン自動車は車両価格が高いうえに燃料（ガソリン）の価格が高く、庶民にとっては高嶺の花だったからです。**

　しかし、20世紀初頭には、この状況を一変させる2つの出来事が起こりました。**燃料と乗用車の価格がともに下落したのです。**

大油田の発見と燃料価格の下落

　燃料価格の下落は、大油田の発見による石油時代の到来によって起こりました。1901年にアメリカ・テキサス州のスピンドルトップで建設された油井から大量の原油が噴出し、同国の原油生産量が急増したからです（図3-5）。

　これを機に、世界は木材や石炭を燃料とする時代から、石油を燃料とする時代へと移行しただけでなく、自動車の燃料となるガソリンの入手が容易になりました。

フォードT型と乗用車の大衆化

　乗用車価格の下落は、生産方法の改良によって実現しました。アメリカの自動車メーカーであるフォード社は、ベルトコンベアを用いた流れ作業による大量生産システムを開発し、1908年から廉価なガソリン自動車「フォードT型」の販売を開始しました（図3-6）。この自動車は1927年までに1,500万台製造され、馬車に代わる大衆向けの乗用車として広く普及しました。

　以上の2つの出来事によって、**ガソリン自動車は庶民の足として定着し**、ヨーロッパやアメリカでの電気自動車の開発ブームは終わりました。

図3-5 スピンドルトップに建設された油井

アメリカ合衆国

大規模な油田が発見された
ことで産油量が増大し、
世界全体が石油時代に突入
した

図3-6 アメリカのガソリン自動車「フォードT型」

自動車が大衆化するきっかけになったとされる
（トヨタ博物館にて著者撮影）

Point

- 初期のガソリン自動車は価格が高く、庶民にとっては高嶺の花だった
- 20世紀初頭に燃料と乗用車の価格が大幅に下落した
- この下落を機にガソリン自動車が大衆化した

» 日本特有の電気自動車ブーム

日本で2回あったブーム

日本では、世界全体における「第1次ブーム」と「第2次ブーム」の間に2回電気自動車のブームがありました（図3-7）。そのきっかけになったのは、石油燃料不足と大気汚染でした。

石油不足を救った電気自動車

日本での1回目のブームは、第二次世界大戦直後にありました。そのきっかけは、石油燃料不足です。

日本では、戦前から石油燃料の統制が続いたうえに、戦時中に石油精製業が大きな被害を受けたため、戦後に深刻な石油燃料不足に陥りました。そこで、鉛蓄電池を搭載した国産の電気自動車が開発されました。その代表例として、1947年に販売が開始された「たま電気自動車」があります（図3-8）。

このブームは、1950年の朝鮮戦争による鉛蓄電池の高騰と、1952年の石油燃料統制の終了によって、ガソリン自動車が増えたのを機に終わりました。

大気汚染を機に開発が加速

2回目のブームは、1970年前後にありました。当時の日本は高度経済成長期で、工場や自動車が排出するガスによって大気汚染が発生し、光化学スモッグなどを引き起こしていました。また、1970年にアメリカでマスキー法（大気汚染防止のための法律）が制定されたのを機に、日本の自動車メーカーは排気ガスを出さない電気自動車を開発する必要に迫られ、その開発が進みました。しかし、ガソリン自動車や石油燃料の改良が進むと、大気汚染が起こりにくくなり、電気自動車の開発は失速しました。

| 図3-7 | 日本での電気自動車ブームは戦後に2回あった |

1回目	**2回目**
戦後の石油燃料不足	大気汚染の深刻化
↓	↓
国産電気自動車の登場	アメリカのマスキー法の制定
↓	↓
●朝鮮戦争による鉛蓄電池の高騰 ●石油燃料統制の終了	●日本政府が大型プロジェクト立ち上げ ●電気自動車開発を推進
↓	↓
●ガソリン自動車の発達 ●電気自動車の衰退	●ガソリン自動車や石油燃料の改良 ●ガソリン自動車の発達

| 図3-8 | **1947年に開発された「たま電気自動車」** |

第二次世界大戦直後の石油燃料が不足した時代に登場した
(自動車技術展〈2016年5月〉会場にて著者撮影)

Point

- 日本における電気自動車の1回目のブームは、石油燃料不足がきっかけだった
- 2回目のブームは、大気汚染とマスキー法の制定がきっかけだった

≫ 電気自動車の第2次ブーム

カリフォルニア州の厳しい自動車規制

　ここで世界の電気自動車の歴史の話に戻りましょう。

　第2次ブームは、ZEV規制の制定によって、始まりました。ZEV規制とは、1990年にアメリカのカリフォルニア州で制定された法律で、ガソリン自動車を減らすために、自動車メーカー各社の販売台数の一定の割合をZEV（Zero Emission Vehicle：無公害車）にすることを義務づけました。ZEVには電気自動車だけでなく、燃料電池自動車も含まれます。

　この背景には、カリフォルニア州における大気汚染の深刻化がありました。当時の同州では、大気汚染による健康被害が報告されており、ガソリン自動車の排気ガスがその一因として問題視されていました。

　ZEV規制の制定は、ZEVの開発が加速する大きなきっかけになりました（図3-9）。ただし、当時はニッケル水素電池やリチウムイオン電池などの容量が大きい二次電池が量産化されたばかりで、それらを電気自動車に搭載することは、技術的にまだ難しい状況にありました。

自動車業界や石油業界が反発

　一方、アメリカの自動車業界や石油業界はZEV規制の制定に強く反発しました。 ZEVが普及すると、自動車業界はガソリン自動車に費やした開発費を回収しにくくなり、石油業界は石油燃料の販売量が減るからです。

　このためアメリカのゼネラル・モーターズ（GM）が開発した電気自動車「EV1」（図3-10）は、1996年からリース販売されたにもかかわらず、自動車業界や石油業界の反発を受け、のちに全車回収されてしまいました。

　これを機にカリフォルニア州はZEV規制を見直したため、アメリカでの電気自動車の開発は下火になりました。

図3-9　　　　　　ZEV規制に対応した次世代自動車

共通要素

駆動用バッテリー

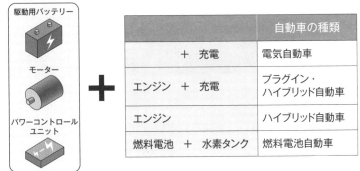

	自動車の種類
＋　充電	電気自動車
エンジン　＋　充電	プラグイン・ハイブリッド自動車
エンジン	ハイブリッド自動車
燃料電池　＋　水素タンク	燃料電池自動車

モーター

パワーコントロールユニット

出典：資源エネルギー庁「『電気自動車（EV）』だけじゃない？『xEV』で自動車の新時代を考える」
（URL：https://www.enecho.meti.go.jp/about/special/johoteikyo/xev.html）をもとに作成

図3-10　　　　　GMが開発した本格的な電気自動車「EV1」

自動車業界や石油業界の反発を受け、のちに全車回収された
（写真：ロイター／アフロ）

Point

- 大気汚染の深刻化を機に、カリフォルニア州がZEV規制を制定した
- ZEV規制は、ZEVの開発が加速する要因になった
- アメリカの自動車業界や石油業界はZEV規制の制定に強く反発した

第3章　電気自動車の第2次ブーム

燃料電池自動車の開発

開発を先行させたアメリカ

次に、電気自動車とともにZEVとして期待されていた燃料電池自動車の歴史を振り返ってみましょう。

燃料電池自動車の開発は、ZEV規制が始まる前からアメリカで開発が進んでいました。例えば同国のGMは、**1966年に世界で初めて公道を走る燃料電池自動車「シボレー・エレクトロバン」を開発しました**（図3-11）。しかし、この自動車は車内に搭載する機器が多く、高コストで性能が低く、燃料電池自動車の優位性を示すに至らなかったので、GMでの燃料電池自動車開発はいったん下火になりました。

実用的乗用車を開発したドイツ

アメリカに次いで燃料電池自動車を開発したのはドイツでした。同国の自動車メーカーであるダイムラー・ベンツ（現メルセデス・ベンツ・グループ）は、カナダで開発された高性能な固体高分子形燃料電池（イオン伝導性を有する高分子膜を電解質として用いる燃料電池）を応用した燃料電池自動車「ネッカー1」を1994年に発表しました。その後、同社は改良を重ね、「ネッカー1」よりも小型な乗用車「ネッカー3」を1997年に発表しました。「ネッカー3」は世界で最初にメタノール改質型燃料電池（燃料となるメタノールを改質器に通して水素を得る燃料電池）を搭載した燃料電池自動車で、最高速度120km/h、航続距離400kmの実用的な乗用車でした（図3-12）。

ダイムラー・ベンツは、「ネッカー3」の発表後に「**燃料電池自動車を2004年に4万台、2007年に10万台生産する**」と発表し、世界の自動車関係者を驚かせました。当時はZEV規制が制定された後であり、電気自動車とともにZEVである燃料電池自動車が求められていたからです。**これを機に、アメリカやドイツ、そして日本で燃料電池自動車の開発が本格化しました。**

図3-11 GMが開発した燃料電池自動車「シボレー・エレクトロバン」

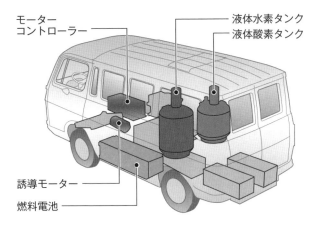

車内に搭載した機器が多く、座席は2席しかなかった

図3-12 ダイムラー・ベンツが発表した燃料電池自動車「ネッカー3」

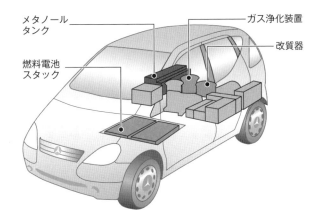

この発表後に量産計画を発表して世界を驚かせた

Point

🖉 アメリカは、1960年代に燃料電池自動車の開発に着手していた

🖉 ドイツは、2004年に燃料電池自動車の量産計画を発表した

🖉 その後アメリカやドイツ、日本で燃料電池自動車の開発が加速した

» ハイブリッド自動車の量産化

ハイブリッド自動車の登場

第2次ブームでは、電動自動車の開発を大きく加速させるインパクトがある出来事がありました。それは、エンジンとモーターの両方を使って駆動するハイブリッド自動車の登場です。

日本のトヨタは、海外で構築されたZEV技術をベースにして新しいタイプの乗用車「PRIUS（プリウス）」を開発し、1997年から一般販売しました（図3-13）。**これは量産型乗用車における世界初のハイブリッド自動車でした。**

「プリウス」の大きな特長は、回生ブレーキの導入でエネルギー効率を上げたため、従来のガソリン自動車よりも燃費がよく、CO_2などの環境に負荷をかけるとされる物質の排出量が少ない点にありました。

「プリウス」は、排気ガスを出すエンジンを搭載しているので、完全なZEVではなく、車両価格もガソリン自動車よりも割高でした。ところが先述したカリフォルニア州がZEVと同じ扱いをし、補助金を出して購入時の経済的負担を減らしたことで、販売台数が大きく増えました。

電動自動車の基礎を築く

ハイブリッド自動車が量産化に至った背景には、バッテリーの大容量化だけでなく、電車や家電で培われた交流モーターの制御技術の発達や、エネルギーのリサイクルを可能にする回生ブレーキの実用化がありました。

また、**これらの技術が確立されたことは、ハイブリッド自動車以外の電動自動車が発達する大きな要因になりました。**ハイブリッド自動車は、外部電源と接続できるようにすればプラグイン・ハイブリッド自動車になりますし、エンジンを外せば電気自動車になり、それに燃料電池を追加すれば燃料電池自動車になるからです（図3-14）。

図3-13 トヨタが開発した「プリウス（初代）」

世界で最初に一般販売された量産型ハイブリッド乗用車で、
電動自動車の開発が加速するきっかけになった

（自動車技術展〈2016年5月〉会場にて著者撮影）

図3-14 ハイブリッド自動車から派生する電動自動車（トヨタの場合）

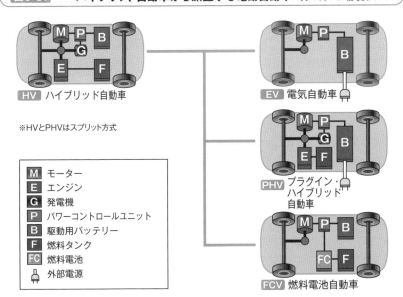

ハイブリッド自動車で培われた技術は、電気自動車やプラグイン・ハイブリッド自動車、燃料電池自動車に応用できる

Point

- 量産型ハイブリッド乗用車は日本で誕生した
- トヨタ「プリウス」は、世界初の量産型ハイブリッド乗用車である
- 量産型ハイブリッド乗用車の登場で電動自動車の開発が加速した

» 電気自動車の第3次ブーム

大容量バッテリーを搭載した電気自動車の登場

第3次ブームは、大容量の リチウムイオン電池 を搭載した**本格的な電気自動車が登場したことで始まり**、現在まで続いています。

量産型電気自動車の嚆矢となったのは、三菱が2009年に一般販売した「i-MiEV（アイミーブ）」（図3-15）と、日産が2010年に一般販売した「LEAF（リーフ）」（図3-16）でした。これらは大容量のリチウムイオン電池を搭載した量産型乗用車で、回生ブレーキの導入でエネルギー効率を高めたので、従来の電気自動車よりも航続距離が長いという特長がありました。

自動車規制と脱炭素社会

第3次ブームでは、電気自動車だけでなく、プラグイン・ハイブリッド自動車や燃料電池自動車が**本格的に一般販売されるようになりました**。これらは、電気自動車に外部電源と接続する装置や燃料電池を追加して航続距離を延ばした自動車です。

燃料電池自動車の開発は、日本よりもアメリカやドイツが先行していましたが、世界で最初に量産型乗用車として一般販売したのは日本のトヨタでした。トヨタは2014年に燃料電池乗用車「MIRAI（ミライ）」の一般販売を開始しました（図3-17）。

このように量産型電動自動車が出そろったのには、2つの要因がありました。1つはアメリカのカリフォルニア州の**新たな自動車規制**です。同州は2011年に、2018年モデルからハイブリッド自動車を環境対策車から除外すると発表しました。もう1つは、次節で説明するように、脱炭素社会の実現が世界的な目標となり、長らく化石燃料に頼っていた自動車の電動化による**脱炭素化**が急務となったからです。

図3-15 三菱が開発した電気自動車「アイミーブ（初代）」

世界で最初に乗用車として
一般販売された量産型電気
自動車
（トヨタ博物館にて著者撮影）

図3-16 日産が開発した電気自動車「リーフ（初代）」

本格的な乗用車として販売
台数を伸ばし、欧州でも多
く販売された

図3-17 トヨタが開発した燃料電池自動車「ミライ（初代）」

世界で最初に乗用車として
一般販売された本格的な燃
料電池自動車。正確には駆
動用バッテリーを搭載した
燃料電池ハイブリッド自動
車である
（MEGA WEBにて著者撮影）

Point

🖉 第3次ブームは、本格的な電気自動車の販売開始で始まった

🖉 燃料電池自動車やハイブリッド自動車が量産されるようになった

🖉 自動車規制や脱炭素化が電動自動車の開発に拍車をかけた

環境問題への関心の高まり

環境に対する世界的な取り組み

2015年以降になると、世界の多くの国々がパリ協定やSDGsで定められた目標の達成や、カーボンニュートラルの実現を目指すようになりました（図3-18）。これらは環境問題に対する関心の高まりを反映したもので、地球温暖化の防止だけでなく、持続可能な社会や脱炭素化の実現に向けて、多くの国や地域が動き出す大きなきっかけとなりました。

思い切った自動車規制

このような動きを受けて、**ガソリン自動車などの排気ガスを出す自動車がますます問題視されるようになりました。**これらは、走行中にCO_2などの温暖化効果ガスを排出する自動車であり、脱炭素化を実現するうえでネックとなる存在だったからです。

そこで一部の地域では、思い切った自動車販売規制をすることになりました。例えば欧州連合（EU）は、前出のパリ協定を機にCO_2を排出する自動車の販売規制を強化し、2021年に2035年以降にガソリン自動車などの内燃自動車の新車販売を事実上禁じるという規制案を発表しました。

求められた自動車の電動化

このような自動車の販売規制によって、世界の自動車メーカーは自動車の電動化を推進する必要に迫られ、電気自動車の開発に注力しました。その結果、ヨーロッパや中国を中心に多くの電気自動車が販売され、世界全体の電気自動車の年間販売台数は、**パリ協定が採択された2016年から2021年までの5年間に6倍以上に増えました**（図3-19）。

	採択年	目標
パリ協定	2016年	世界の平均気温上昇を産業革命以前に比べて2℃より十分低く保ち、1.5℃に抑える努力をする
SDGs	2015年	持続可能なよりよい社会を目指すため、17の大きな目標を2030年までに達成する
カーボンニュートラル		二酸化炭素（CO_2）の排出量と吸収量を均衡させて、排出全体を実質ゼロにする

図3-18　脱炭素社会を目指す世界的な取り組み

自動車業界が自動車の電動化を進めるきっかけになった

図3-19　世界全体の電気自動車の販売台数の推移

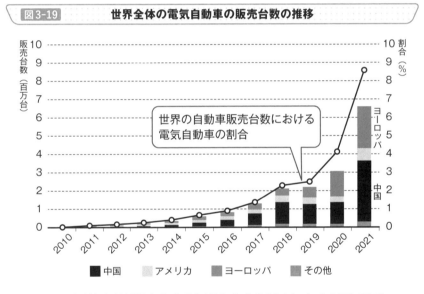

世界の自動車販売台数における電気自動車の割合

■中国　■アメリカ　■ヨーロッパ　■その他

パリ協定が採択された2016年から2021年までの5年間で、
販売台数が6倍以上に増えている

出典：IEA「Global Sales and Sales Market Share of Electric Cars, 2010-2021」を著者翻訳

Point

- 環境問題に対する関心の高まりによって自動車の排気ガスが問題視された
- 自動車メーカーは、自動車を電動化する必要に迫られた
- 世界の電気自動車の販売台数は、2016年から急速に増えた

» 増え続ける電気自動車

台頭する中国メーカー

2022年時点で電気自動車の販売台数を顕著に増やしているのは中国です。同国は国家戦略として**電気自動車の増産を推進しています**。国内での年間販売台数を2016年から2021年までの5年間に7倍以上に増やしており、日本を含む他国にも多くの電気自動車を輸出しています。例えば日本では、すでに複数のバス事業者が中国のBYD社から電気バスを購入し、営業路線に投入しています（図3-20）。

この背景には、国による電気自動車普及の推進だけでなく、電気自動車の低価格化や補助金制度の確立、そして充電インフラの充実があります。また、電気自動車には、開発に長い時間を要するエンジンがないので、ガソリン自動車などの内燃自動車よりも新規参入が容易だったことも関係しているといえるでしょう。

日本は出遅れたのか？

日本は、電動乗用車の量産化では世界をリードしてきました。ところが**国内における電気自動車全体の年間販売台数は、過去5年（2017〜2021年）において増えていません**（図3-21）。また、国内の自動車販売台数における電気自動車の割合は、3％程度です。

この背景には、充電インフラの整備の遅れなど、政府による電気自動車の普及に向けた支援の遅れが関係していると考えられます。

また日本では、ハイブリッド自動車が広く普及していることもあり、電気自動車が敬遠されがちです。電気自動車は車両価格が高いうえに、ガソリン自動車やハイブリッド自動車よりも航続距離が短く、利便性が低いというイメージがあるからです。こうした状況を変えなければ、電気自動車を国内で本格的に普及させるのは難しいでしょう。

| 図3-20 | 日本を走るBYD社製のEVバス（岩手県交通） |

中国の自動車メーカーは、すでに日本の複数のバス事業者に
電気バスを輸出している

（写真：ｙａｍａｈｉｄｅ/PIXTA）

| 図3-21 | 日本における電気自動車の年間販売台数の推移 |

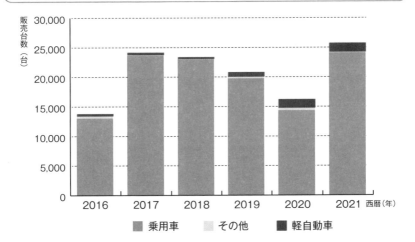

- 日本では電気自動車が過去5年間では大きく増えていない
- 自動車全体の年間販売台数に対する電気自動車の割合は3%程度

出典：一般社団法人 次世代自動車振興センター「EV等 販売台数統計」
（URL：https://www.cev-pc.or.jp/tokei/hanbai3.html）をもとに作成

Point

- 中国では、国家戦略として電気自動車の増産を推進している
- 日本では、中国やヨーロッパと比べると電気自動車の普及が遅れている

やってみよう

　3-9で触れたように、近年は世界全体で電気自動車の販売台数が増え続けており、特に中国やヨーロッパでその動きが加速しています。

　それではなぜ、中国やヨーロッパで電気自動車の販売台数が急激に増えたのでしょうか。今回はその答えを探ってみましょう。

　結論からいうと、その答えを一言で説明することは難しいです。なぜならば、このような状況は、複数の要因が複雑に絡み合って起きていることだからです。

　主な要因は、3-9で触れたパリ協定の影響や、中国の自動車産業を発展させるための国家戦略だけではありません。ヨーロッパにおける脱炭素化に向けた急速な動きや、リチウムイオン電池に必要なリチウムやコバルトなどのレアメタルが中国などの一部の国に偏在していること、2022年から始まったロシアのウクライナに対する軍事侵攻を機にロシアからの天然ガス供給が止まり、欧州のエネルギー事情が大きく変わったことなども挙げられます。

　ぜひこのような要因を挙げ、情報を整理しながら電気自動車が増えた理由を考えてみてください。

北京にある大規模な充電設備。中国は電気自動車の普及を国家戦略として推進しているので、充電スタンドの整備も急速に進めている（写真：アフロ）

電池と電源システム

～走りを支えるエネルギー源～

第 **4** 章

≫ 電池とは何か?

電動自動車と電池

電動自動車にとって電池は電源であり、性能や安全性を左右する極めて重要な部品です。特に電気自動車にとっては、搭載する電池(駆動用バッテリー)の容量が航続距離を左右するといっても過言ではありません。

本章では、そのような電池について詳しく説明します。

化学電池と物理電池

電池とは、物質の化学反応や物理現象によって放出されるエネルギーを電気エネルギーに変換する装置です。このうち、化学反応を利用する電池は化学電池、物理現象を利用する電池は物理電池と呼ばれます(図4-1)。

一般に「電池」と呼ばれるのは化学電池です。一方、物理電池の代表例には、太陽電池や電気二重層キャパシタがあります。

化学電池の種類

化学電池は、大きく分けて一次電池と二次電池、そして燃料電池の3種類があります(図4-2)。

一次電池は、不可逆な電気化学反応が進行して放電するので、充電はできません。代表例としては、使い捨ての乾電池としておなじみのマンガン電池やアルカリ電池があります。

二次電池は、可逆の電気化学反応で放電するので、充電が可能です。代表例としては、繰り返し使える乾電池としておなじみのニッケル水素電池や、スマートフォンやノートPCに使われているリチウムイオン電池があります。

燃料電池は、**燃料と空気中の酸素を電気化学反応させて発電する発電装置**です。燃料と酸素を供給し続ければ、連続的に電気エネルギーを取り出すことができます。

図4-1　　　　　　　　　　　　　　**電池の主な種類**

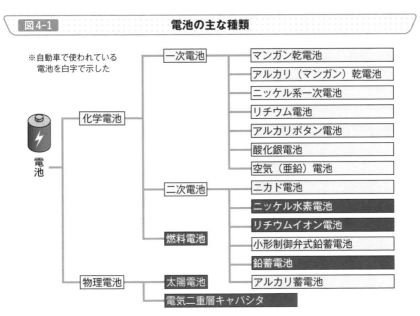

図4-2　　　　　　　　　　　　　　**各種化学電池の構造**

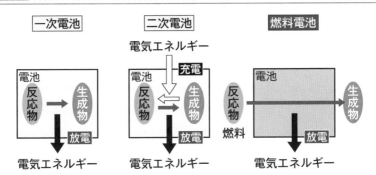

- 二次電池は反応物→生成物という電気化学反応が可逆的なので、充電すれば繰り返し使える
- 燃料電池は、反応物（燃料と酸素）を供給し続ければ発電し続ける

Point

✐ 電池には化学電池と物理電池がある

✐ 化学電池には、一次電池、二次電池、燃料電池がある

✐ 燃料電池は、燃料と酸素を電気化学反応させて発電する発電装置である

電動自動車で求められる電池

電動自動車の鍵となる車載電池

　自動車に搭載する電池は、車載電池と呼ばれます。これに対して建物の内部などに静置される電池は、定置型電池と呼ばれます。

　車載電池は、開発が難しいです。なぜならば、**定置型電池よりも求められる条件が多いから**です（図4-3）。

　電動自動車に搭載する車載電池に求められるのは、航続距離を延ばすための大容量化だけではありません。自動車が走行するときに受ける振動や衝撃に耐え、屋外における気温や湿度の変化に耐えつつ、安全かつ長寿命で、故障しにくいことが求められます。

　一般販売する電動自動車を開発するには、車両の価格や重量を減らす必要があるので、コストダウンや軽量化が求められます。機器が搭載できる空間は大幅に制限されているので、小型化も求められます。長い目で見れば、電池材料の入手のしやすさや、自動車が廃車になったときの電池部品のリサイクルのしやすさも考慮しなければなりません。

　このため、**これらの条件を満たす車載電池を開発することが、高性能な電動自動車を開発するうえでの大きな鍵**となります。

大容量二次電池と燃料電池の導入の難しさ

　鉛蓄電池よりも容量が大きい二次電池や、燃料電池の自動車への導入は大幅に遅れました。一般販売された量産乗用車に世界で最初に導入されたのは、ニッケル水素電池が1997年、リチウムイオン電池が2009年、燃料電池が2015年でした（図4-4）。これらの電池の導入が遅れたのは、先ほど紹介した条件を満たすための技術的ハードルが高く、それらをクリアするのに長い開発期間が必要だったからです。

図4-3　　車載電池に求められる主な条件

► 振動や衝撃、気温や湿度の変化に耐える

► 安全かつ長寿命で故障しにくい

► コストダウンや軽量化、小型化

► 電池材料の入手のしやすさ

► 電池部品のリサイクルのしやすさ

第4章　電動自動車で求められる電池

図4-4　　一般販売された量産乗用車における各種電池の導入時期

電池の種類	世界で最初に量産化した企業	乗用車に初導入された年	初導入した乗用車
ニッケル水素電池	松下電池工業・三洋電機	1997年	トヨタ「プリウス」
リチウムイオン電池	ソニー・エナジー・テック	2009年	三菱「アイミーブ」
燃料電池（固体高分子形燃料電池）	―	2015年	トヨタ「ミライ」

Point

🖉 車載電池は定置型電池よりも求められる条件が多く、開発が難しい

🖉 多くの条件を満たす車載電池の開発が、電動自動車開発の鍵になる

🖉 大容量の二次電池・燃料電池を車載電池として用いるのは難しかった

駆動用バッテリーと補機用バッテリー

電動自動車で使われる二次電池

電動自動車の車載電池として用いられる二次電池には、駆動用バッテリーと補機用バッテリーがあります。

駆動用バッテリーは、**電動自動車の駆動に使われる二次電池で、パワーコントロールユニットを介してモーターに電力を供給します**（図4-5）。また、回生ブレーキによって得られる回生電力を使って充電します。

一方補機用バッテリーは、補機（電装品）に電気を供給する二次電池です（図4-6）。ここでいう電装品には、エンジンを始動させるセルモーターや、ヘッドライトなどのライト類、パワーウィンドウ、ワイパー、オーディオ、カーナビ、エアコンなどがあります。ガソリン自動車のバッテリーと同じ役割をしますが、電動自動車では駆動用バッテリーと区別するために補機用バッテリーと呼ばれます。

駆動用バッテリーと補機用バッテリーに求められる性能

駆動用バッテリーと補機用バッテリーはそれぞれ役割が異なるので、求められる性能も異なります。

駆動用バッテリーは、電動自動車が駆動するための重要な電源なので、航続距離を延ばすために大容量であることが求められます。現在は駆動用バッテリーとして、大容量化が可能なニッケル水素電池やリチウムイオン電池が使われていますが、これらが実用化されていなかった時代では、鉛蓄電池が使われていました。

補機用バッテリーは、駆動用バッテリーほど大容量化が求められていないので、現在も鉛蓄電池が使われています。鉛蓄電池は、ガソリン自動車で長らく使われてきた実績があり、安全性と信頼性が高く、安価だからです。

| 図4-5 | 駆動用バッテリーの役割 |

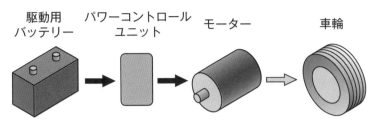

駆動用　　パワーコントロール　　モーター　　　　車輪
バッテリー　　　ユニット

**パワーコントロールユニットを介して、
モーターに電力を供給する**

| 図4-6 | 補機用バッテリーの役割 |

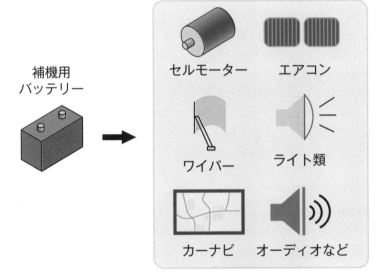

補機用
バッテリー

セルモーター　　エアコン

ワイパー　　　ライト類

カーナビ　　オーディオなど

補機（電装品）

**エアコンなどの補機（電装品）に
電力を供給する**

Point

∕ 電動自動車の二次電池には駆動用バッテリーと補機用バッテリーがある
∕ 駆動用バッテリーは、自動車を駆動させるモーターの電源である
∕ 補機用バッテリーは、補機（電装品）の電源である

車載電池の種類①
二次電池の元祖である鉛蓄電池

歴史ある二次電池

鉛蓄電池は、充電と放電の両方ができる電池として1859年にフランスで考案された**歴史ある二次電池**です。

主な長所として、技術的完成度や信頼性が高く、安価であることが挙げられます。一方、主な短所として、重いためエネルギー密度が低いことや、有毒な鉛や劇薬である硫酸を使用していることが挙げられます。

鉛蓄電池は、電解液（希硫酸：H_2SO_4）に正極（二酸化鉛：PbO_2）と負極（鉛：Pb）を浸した構造になっています（図4-7）。放電すると双方の電極にサルフェーション（硫酸鉛：$PbSO_4$）が析出し、充電するとその逆の電気化学反応が起きます。つまり、これらの電気化学反応が可逆であるため充電と放電を繰り返せるのです。ただし、寿命を延ばすには通常の充電や放電を終えても充電や放電を続けた状態（**過充電・過放電**）になるのを防ぐ必要があります。

実際の鉛蓄電池は、正極と負極の間には、セパレータと呼ばれるイオンを通す板があり、双方の電極がサルフェーションによってショート（短絡）するのを防いでいます（図4-8）。

駆動用バッテリーとして使われたことも

鉛蓄電池は、自動車の補機用バッテリーとして長らく使われています。特にガソリン自動車では、エンジンを始動させるセルモーターを回すのに100～400Aの電流を流す必要があるので、大きな出力が必要です。

なお、**初期の電気自動車では、鉛蓄電池が駆動用バッテリーとして使われていました。**当時は自動車に搭載できる実用的な二次電池が鉛蓄電池しかなかったからです。例えば**3-4**で紹介した「たま電気自動車」は、車体の床下に鉛蓄電池を搭載していました。

図4-7 鉛蓄電池の原理

放電のメカニズムと反応式

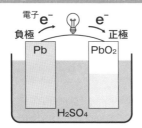

負極 $Pb + SO_4^{2-} \longrightarrow PbSO_4 + 2e^-$

正極 $PbO_2 + 2e^- + SO_4^{2-} + 4H^+$
$\longrightarrow PbSO_4 + 2H_2O$

充電のメカニズムと反応式

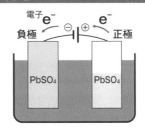

負極 $PbSO_4 + 2e^- \longrightarrow Pb + SO_4^{2-}$

正極 $PbSO_4 + 2H_2O$
$\longrightarrow PbO_2 + 2e^- + SO_4^{2-} + 4H^+$

放電すると正極と負極にサルフェーション（$PbSO_4$）ができる

図4-8 鉛蓄電池の構造

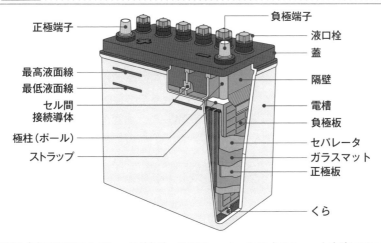

正極と負極の間にはセパレータがあり、サルフェーションによるショートを防いでいる

Point

- 鉛蓄電池は、長い歴史がある二次電池である
- 鉛蓄電池は、自動車の補機用バッテリーとして長らく使われてきた
- 初期の電気自動車では鉛蓄電池が駆動用バッテリーとして使われた

》 車載電池の種類② エネルギー密度が高いニッケル水素電池

「繰り返し使える乾電池」としておなじみ

ニッケル水素電池は、1990年に日本の松下電池工業と三洋電気（現パナソニック）が世界で初めて量産化した二次電池です。公称電圧が1.2Vであり、マンガン電池の公称電圧（1.5V）に近いため、**繰り返し使える乾電池**」や、固定電話の子機の電池として使われています。Nickel Metal Hydrideを略して**Ni-MH**とも呼ばれます。

ニッケル水素電池は、電解液（濃い水酸化カリウム水溶液）に正極（オキシ水酸化ニッケル：NiOOH）と負極（水素吸蔵合金：MH）を浸した構造になっています（図4-9）。放電すると、正極のオキシ水酸化ニッケルは水酸化ニッケルとなり、負極の水素吸蔵合金は水素イオンを放出して金属となります。なお、過充電になると正極から酸素、負極から水素が発生し、内部の圧力が上がる場合があるので、正極にガスを排出する**安全弁**が設けられています（図4-10）。また、過放電になると電池が損傷し寿命が縮まります。

主な長所として、鉛蓄電池よりも**エネルギー密度**が高く**小型軽量化や大容量化が容易であること**や、電解液が水溶液なので、リチウムイオン電池のような発火が起こりにくいこと、そしてリチウムイオン電池より安価なことが挙げられます。主な短所として、鉛蓄電池よりも高価であることが挙げられます。

ハイブリッド自動車で採用

ハイブリッド自動車では、駆動用バッテリーとして主にニッケル水素電池が使われています。例えば、1997年にトヨタが販売開始した世界初の量産型ハイブリッド乗用車「プリウス」では、一般販売開始から現在に至るまで25年以上にわたってニッケル水素電池が使われています。なお、現在はリチウムイオン電池を採用したハイブリッド自動車も存在します。

| 図4-9 | ニッケル水素電池の原理 |

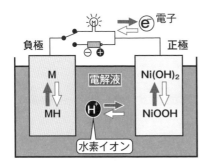

| 全体 | $MH+NiOOH \rightleftarrows M+Ni(OH)_2$ |

正極　$NiOOH+H_2O+e^- \rightleftarrows Ni(OH)_2+OH^-$

負極　$MH+OH^- \rightleftarrows M+H_2O+e^-$

- 正極と負極の間で水素イオンが移動する
- 負極には水素吸蔵合金が使われている

| 図4-10 | ニッケル水素電池の構造（円筒型） |

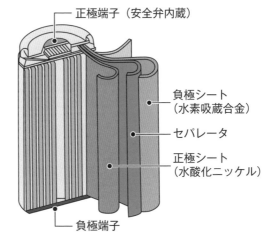

正極端子（安全弁内蔵）

負極シート（水素吸蔵合金）

セパレータ

正極シート（水酸化ニッケル）

負極端子

- 正極と負極の間には水素イオンを通すセパレータがあり、両者のショートを防いでいる
- 正極端子にはガスを逃す安全弁がある

出典：福田京平『しくみ図解シリーズ　電池のすべてが一番わかる』（技術評論社）をもとに作成

Point

- ニッケル水素電池は「繰り返し使える乾電池」として使われている
- ニッケル水素電池は鉛蓄電池よりも小型軽量化や大容量化が容易である
- ニッケル水素電池は主なハイブリッド自動車で使われている

» 車載電池の種類③ 大容量化を可能にしたリチウムイオン電池

小型軽量化が可能な二次電池

リチウムイオン電池は、1991年に日本のソニー・エナジー・テックが世界で初めて量産化した二次電池です。Lithium-Ion Batteryを略してLIB（リブ）とも呼ばれます。

この電池の主な長所は、ニッケル水素電池よりも**エネルギー密度が高く、小型軽量化や大容量化が容易であること**です。エネルギー密度が高いのは、1つのセル当たりの公称電圧が3.7Vであり、鉛蓄電池（2.0V）やニッケル水素電池（1.2V）よりも高いからです。このため、電気自動車だけでなく、スマートフォンやノートPCなどのモバイル機器の電源として幅広く使われています。一方、主な短所は、ニッケル水素電池よりも高価であることです。これは、高価な材料を使っているだけでなく、その安全管理にコストがかかるからです。

リチウムイオン電池は、他の二次電池よりも厳重な安全対策が必要です。例えば過充電によって発熱すると、電解液（有機溶剤）によって発火する、もしくは内部圧力の上昇で破裂する恐れがあります。このため、それらを避けるために電池の状態を管理するシステムを設けるだけでなく、異常時に内部の気体を外に逃す安全弁を設けてあります。

リチウムイオンが移動する

リチウムイオン電池は、電解液（有機溶剤）に正極と負極を浸した構造になっており、充電や放電をすると、正極と負極の間をリチウムイオンが移動します（図4-11）。正極と負極は、どちらも層状構造になっており、リチウムイオンが出入りできるようになっています。実際のリチウムイオン電池では、正極と負極の間にセパレータを設け、双方の電極が接触してショートするのを防いでいます（図4-12）。

図4-11　　　　　　　　　　リチウムイオン電池の原理

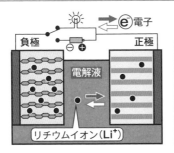
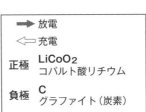

	➡	放電
	⇦	充電
正極	LiCoO₂	コバルト酸リチウム
負極	C	グラファイト（炭素）

全体	$Li_{1-x}CoO_2 + Li_xC \rightleftarrows LiCoO_2 + C$
正極	$Li_{1-x}CoO_2 + xLi^+ + xe^- \rightleftarrows LiCoO_2$
負極	$Li_xC \rightleftarrows C + xLi^+ + xe^-$

● 正極と負極の間をリチウムイオンが移動する

● 電解液には可燃性の有機溶剤が使われる

図4-12　　　　　　　リチウムイオン電池の構造（円筒型）

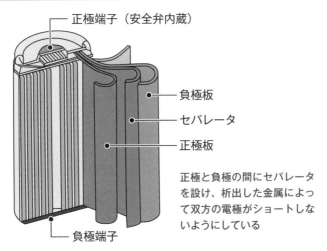

正極端子（安全弁内蔵）

負極板

セパレータ

正極板

正極と負極の間にセパレータを設け、析出した金属によって双方の電極がショートしないようにしている

負極端子

出典：福田京平『しくみ図解シリーズ　電池のすべてが一番わかる』（技術評論社）をもとに作成

Point

🖊 リチウムイオン電池は、エネルギー密度が高い二次電池である

🖊 小型軽量化や大容量化が容易なので、電気自動車で使われている

🖊 発火や破裂などを防ぐために厳重な安全対策が必要である

第4章　車載電池の種類③　大容量化を可能にしたリチウムイオン電池

車載電池の種類④
燃料で発電する燃料電池

燃料を消費する発電装置

　燃料電池は発電装置です。燃料である水素と、空気中の酸素を電気化学反応させて水を生成し、発電します。つまり、**水の電気分解とは逆方向の電気化学反応を進行させることで電気を取り出す装置**なのです。また、生成するのが環境に無害の水なので、環境に負荷を与えない発電装置として近年注目されています。

固体高分子形燃料電池の構造と動作原理

　燃料電池には構造や動作温度が異なるさまざまな種類が存在し、そのうち固体高分子形燃料電池（PEFC）と呼ばれるものが**車載電池として使われています**（図4-13）。このタイプの燃料電池は構造がシンプルで、小型かつ軽量で、100℃以下の低温で動作するという特徴があるため、容量や重量の制約が大きい自動車の車載電池に適しています。

　固体高分子形燃料電池は、セルを複数重ねて固定したスタックで構成されています。セルは、2枚のセパレータの間に膜・電極接合体（MEA）を挟んだもので、セパレータに水素と空気がそれぞれ流れる構造になっています（図4-14）。

　膜・電極接合体は、炭素製の2種類の電極（燃料極・空気極）と固体高分子膜、触媒層をプレスして接合したものです。固体高分子膜は高分子製の薄いフィルムで、湿らせると水素イオンを通す性質があります。触媒層は、触媒である白金の使用量を減らすため、炭素の粒に白金の粒をつけた白金担持カーボンなどが使われています。

　固体高分子形燃料電池は、固体高分子膜や白金担持カーボンなどの高価な部品が使われているので、**コストダウンが大きな課題**となります。

図4-13　固体高分子形燃料電池の構造

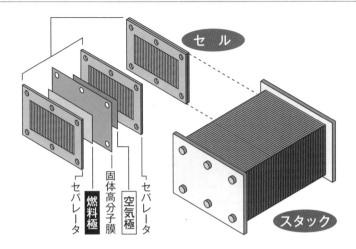

セル

セパレータ　燃料極　固体高分子膜　空気極　セパレータ

スタック

発電するセルを多く積み重ねたものをスタックと呼ぶ

図4-14　発電の原理

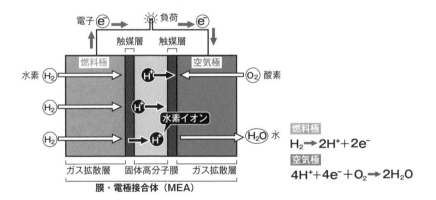

電子 (e⁻)　　負荷　　(e⁻)

触媒層　触媒層

燃料極　　空気極

水素 (H₂)　　(H⁺)　　(O₂) 酸素

(H₂)　　(H⁺)

(H₂)　水素イオン　(H⁺)　　(H₂O) 水

ガス拡散層　固体高分子膜　ガス拡散層

膜・電極接合体（MEA）

燃料極
$$H_2 \rightarrow 2H^+ + 2e^-$$

空気極
$$4H^+ + 4e^- + O_2 \rightarrow 2H_2O$$

燃料極に供給された水素は、触媒層で水素イオンとなり、固体高分子膜を通過して空気中の酸素と電気化学反応して水を生成する

Point

✐ 燃料電池は、電気化学反応で発電する発電装置である

✐ 車載電池として使われているのは固体高分子形燃料電池である

✐ 固体高分子形燃料電池は、コストダウンが大きな課題となっている

》車載電池の種類⑤
光で発電する太陽電池

太陽光で発電

太陽電池は物理電池の一種で、**太陽光で得られる光エネルギーを電気エネルギーに変換する発電装置**です。半導体に光を照射することで起電力が発生する現象（光起電力効果）を利用しています（図4-15）。複数の太陽電池を敷き詰めたパネルはソーラーパネルと呼ばれます。

太陽電池は、2011年から化石燃料を使わない安全でクリーンな発電装置として広く使われるようになりました。同年に東京電力福島第一原発事故が発生したのを機に、再生可能エネルギーが注目されたからです。

ただし、太陽電池には弱点があります。高価な部品を使うためコストダウンが難しいこと、日照がない夜には発電できないこと、天候によって発電能力が大きく左右されること、面積あたりの発電量が小さいことなどです。

ソーラーパネルを搭載した電気自動車

太陽電池を電源として搭載した電気自動車は、一般にソーラーカーとも呼ばれます（図4-16）。1950年代から開発され、1980年代からはソーラーカーの技術を競うソーラーカーレースが開催されてきた歴史があります。

現在は、ソーラーパネルを搭載した量産型の自動車が一般販売されています。その代表例には、2016年から一般販売されたトヨタのプラグイン・ハイブリッド自動車「プリウスPHV」や、2022年から一般販売されたトヨタの電気自動車「bZ4X」（図4-16）があります。これらは、どちらも駆動用バッテリーとして二次電池を搭載しているだけでなく、ボディの屋根に補助電源としてソーラーパネルを搭載して発電することで充電する機会を増やし、航続距離を延ばす構造になっています。

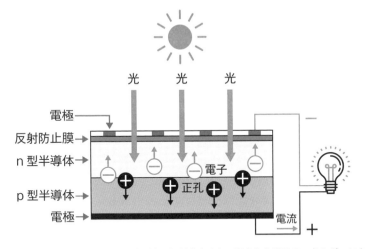

図4-15　太陽電池の発電原理（光起電力効果）

- 異なる半導体が接する接合面に光（光子）が当たると、衝突した光子のエネルギーによって電子（マイナスの電荷を帯びた粒子）と正孔（プラスの電荷を帯びた粒子）が発生し、それらが移動することで電流が流れる
- この現象は光起電力効果と呼ばれ、太陽電池による発電に使われている

図4-16　トヨタの電気自動車「bZ4X」

ボディの屋根にソーラーパネルを搭載している
（写真提供：トヨタ自動車）

Point

- 太陽電池は、光エネルギーを電気エネルギーに変換する発電装置である
- 太陽電池を搭載した電気自動車は、ソーラーカーと呼ばれる
- 太陽電池を補助電源として搭載した自動車は、すでに一般販売されている

≫ 車載電池の種類⑥　電気の出し入れが素早い電気二重層キャパシタ

短時間で充電・放電が可能

　電気二重層キャパシタは、物理電池の一種で、**素早い電気の出し入れが可能な蓄電装置**です。後述する電気二重層という物理現象を利用して蓄電量を著しく高めたキャパシタ（コンデンサ）で、「ウルトラキャパシタ」や「スーパーキャパシタ」とも呼ばれます。

　大きな特長は長寿命で、10万～100万回の充放電ができることです。また、内部抵抗が小さいので短時間で充電でき、出力密度がリチウムイオン電池の5倍近くあります。ただし、二次電池よりもエネルギー密度が低いという弱点があります。

　電気二重層キャパシタは、電解液に金属製の正極と負極を浸した構造になっており、外部電源を使って電圧を印加すると、電解液中のイオンが電極近傍に集まり、層状のキャパシタ（コンデンサ）を形成します（図4-17）。この層は電気二重層と呼ばれ、ここに電気が蓄えられます。

簡易方式のハイブリッド自動車に導入

　第2章で紹介したハイブリッド自動車の中には、ハイブリッド自動車の技術を部分的に導入した「簡易方式」があります。そのような自動車の中には、**回生電力を二次電池の代わりに電気二重層キャパシタに蓄えることで、ニッケル水素電池などの高価な二次電池を使わずにエネルギー効率を高め、燃費向上を図った車種が存在します。**

　世界で最初にこのシステムを導入した乗用車は、マツダが2012年に販売開始した3代目「アテンザ」です（図4-18）。「アテンザ」で初導入された電気二重層キャパシタを使った減速エネルギー回生システムは「i-ELOOP」と呼ばれており、現在までにマツダの複数の車種に導入されています。

図4-17　電気二重層キャパシタの原理

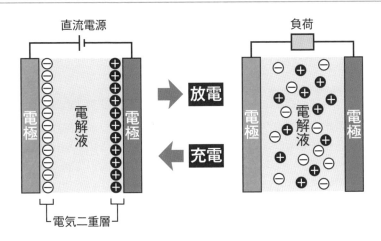

直流の電圧を印加すると、電解液のイオンが電極近傍に吸着して
電気二重層を形成し、蓄電する

図4-18　マツダの3代目「アテンザ」

電気二重層キャパシタを採用した
減速エネルギー回生システム「i-ELOOP」を採用

（写真提供：マツダ自動車）

Point

⌗ 電気二重層キャパシタは、電気を素早く出し入れできる蓄電装置である
⌗ 電気二重層キャパシタは、電気二重層と呼ばれる物理現象を利用する
⌗ 回生電力を蓄える蓄電装置としてすでに一部の乗用車で導入されている

電池の安全を守る
バッテリーマネジメントシステム

二次電池の安全性を保つ

　ニッケル水素電池やリチウムイオン電池を**安全かつ効率的に使用する**には、バッテリーマネジメントシステムが必要になります。なぜならば、これらの二次電池は、エネルギー密度が高く利便性が高い反面、使い方を誤ると寿命が短くなるだけでなく、発火や発煙、破裂などの問題が発生するというリスクを抱えているからです。

　バッテリーマネジメントシステムは、二次電池の電流、電圧、温度、電池残量などのデータを管理し、過充電や過放電、過電流、発熱などを防ぎ、電圧の均等化や長寿命化を図る役目があります（図4-19）。

長寿命化を図る工夫

　電動自動車は、走行中に加速と減速を繰り返すので、その駆動用バッテリーは頻繁に充放電を繰り返します。一方、駆動用バッテリーに使われるニッケル水素電池とリチウムイオン電池は、充放電を約500回繰り返すと電池容量が60%程度に減少し、寿命を迎えるとされています。

　なぜ電動自動車の駆動用バッテリーは、約500回以上も充放電を繰り返すことができるのでしょうか。それは、バッテリーマネジメントシステムが、使用状況や温度に応じて駆動用バッテリーの充電率を適正に保っているからです（図4-20）。つまり、条件に応じて制御上限値と制御下限値を設定し、充電率をその範囲内で穏やかに変化させることで、駆動用バッテリーの寿命を延ばしているのです。

　このため、ニッケル水素電池やリチウムイオン電池を搭載する電動自動車にとっては、バッテリーマネジメントシステムが極めて重要な役割を果たしており、**電動自動車の実用化における大きな鍵**になっています。

図4-19　　　バッテリーマネジメントシステムの機能

❶ セルの過充電、過放電を防ぐ機能

❷ セルの過電流を防ぐ機能

❸ セルの温度管理を行う機能

❹ 電池残量（SOC）を算出する機能

❺ セル電圧の均等化（セルバランス）を行う機能

図4-20　　　バッテリーマネジメントの例

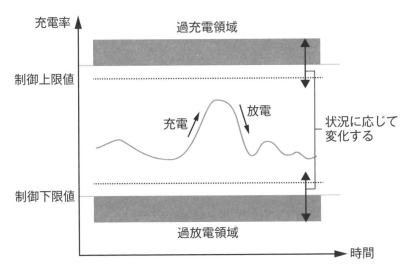

条件に合わせて制御上限値と制限下限地を設定し、
その間で充電率を保つことで電池の寿命を延ばしている

Point

✎ バッテリーマネジメントシステムは、二次電池の安全性と効率を保つ

✎ このシステムは、充電率を適正に保つことで長寿命化を図っている

✎ このシステムは、電動自動車の実用化における大きな鍵となる技術である

やってみよう

スマートフォンの充電状況を確認してみよう

4-10で紹介したバッテリーマネジメントシステムは、多くの方にとってなじみがない言葉でしょう。ただ、実は私たちが日々使っている身近なものでこのシステムを使っているものが存在します。その代表例がスマートフォンです。

スマートフォンは、電源としてリチウムイオン電池を搭載しているので、電動自動車と同様にバッテリーマネジメントシステムが使われており、リチウムイオン電池の安全性を高め、寿命を延ばす工夫が施されています。

そのことは、スマートフォンにあるバッテリーの残量を管理する画面で確認できます。例えばiPhoneであれば、［設定］＞［バッテリー］でバッテリー残量の変化が表示されます。ここに記された「0%」や「100%」は、本当の充電率ではなく、バッテリーを安全に使える制御上限値と制限下限値を示しています。つまり、過放電や過充電が起こらないように充電率を管理することで、リチウムイオン電池の安全性を高め、寿命を延ばしているのです。

電動自動車には、基本的にこのようなバッテリーの残量を管理する画面はありません。しかし、スマートフォンと同じようにバッテリーマネジメントシステムが使われています。

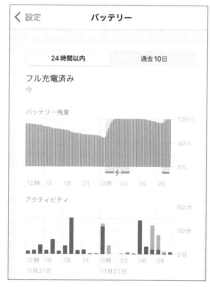

iPhoneのバッテリー管理画面
バッテリー残量の変化だけでなく、使われた時間帯（アクティビティ）もわかるようになっている

動力源としてのモーター

～モーターの種類と構造～

» モーターとは何か？

モーターは磁石の力で回る

モーター（Motor：電動機）とは、電気エネルギーを運転エネルギーに変換する原動機です。その多くは、磁界の中で電荷が受ける力（**ローレンツ力**）を利用して回転する回転型モーターです。なお本書では、電動自動車で使われていない直線運動するリニアモーターや、超音波振動を利用する超音波モーターの説明は割愛し、回転型モーターを「モーター」と呼ぶことにします。

次に、モーターが回る原理を、直流モーターの一種である模型用モーターを使って説明します（図5-1）。模型用モーターには**固定子**（ステーター、回転しない部分）と**回転子**（ローター、回転する部分）があり、固定子には永久磁石、回転子には電磁石（電機子）が配置されています。2本のリード線に直流の電圧を印加すると、**ブラシ**や**整流子**を介して電機子のコイルに電流が流れ、磁界が発生し、永久磁石が作る磁界との間に**磁石同士が吸引・反発する力が働き、回転子が回ります**（図5-2）。なお、ブラシや整流子は、電機子の磁極を切り替えるスイッチの役目を果たします。

大きな音や排気ガスを出さずに回る

モーターは、エンジンよりもメンテナンスが容易です。エンジンには、エンジンオイルやファンベルトなどの消耗品があるので、定期的に点検して交換する必要があります。一方モーターには、擦れ合う整流子やブラシを除き、消耗品がほとんどありません。また、回転子が回るときは、**エンジンよりも音や振動が発生しにくく、排気ガスを出しません。**

エンジンを搭載しない電気自動車や燃料電池自動車が環境にやさしいクリーンな自動車とされているのは、このようなモーターの性質が大きく関係しています。

図5-1　　直流モーターの一種である模型用モーターの構造

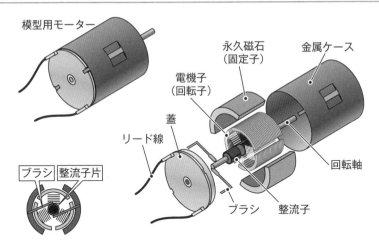

模型用モーター

永久磁石（固定子）

金属ケース

電機子（回転子）

蓋

リード線

ブラシ　整流子片

回転軸

ブラシ

整流子

- 固定子には永久磁石、回転子には電磁石（電機子）がある
- 整流子とブラシは、電機子の磁極を切り替えるスイッチの役割を果たしている

図5-2　　磁石同士に働く力

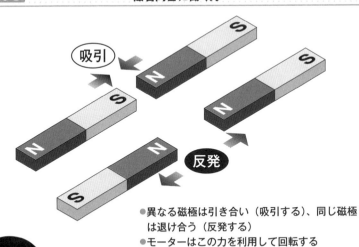

吸引

反発

- 異なる磁極は引き合い（吸引する）、同じ磁極は退け合う（反発する）
- モーターはこの力を利用して回転する

Point

- ✎ モーターは、磁石同士が吸引・反発する力を利用して回る
- ✎ モーターは、エンジンよりもメンテナンスが容易である
- ✎ モーターは、発生する音や振動が小さく、排気ガスを出さない

電動自動車に求められるモーター

クリアすべき課題が多い

　電動自動車の駆動に使われるモーター（駆動用モーター）は、静置する家電用や工場用のモーターと比べてクリアすべき課題が多いです。駆動用モーターは、自動車に搭載するゆえに容積や重量の制約が多いうえに、自動車を駆動するために一定以上の出力が求められます。また、バッテリーと同様に走行中に振動や衝撃を受け、屋外の温度・湿度の変化にさらされます。つまり、駆動用モーターには、**小型軽量化や大出力化が容易で、かつタフで故障しにくいこと**が求められるのです。

　特にハイブリッド乗用車では、駆動用モーターの小型軽量化が求められます。なぜならば、ハイブリッド乗用車には駆動用モーターやパワーコントロールユニット以外に、エンジンやその周辺の機器があり、それらをボンネットの限られた空間に収め、重量に関する制限をクリアする必要があるからです（図5-3）。

さまざまな走行モードに対応

　また、電動自動車の駆動用モーターは、さまざまな走行モードに対応する必要があります（図5-4）。電動自動車は停止から高速巡航速度までの広範囲の速度で走るものであり、運転中に駆動用モーターの回転速度や、それにかかる負荷が頻繁に変化するからです。

　電動自動車の走行モードは主に4つあり、それぞれにおいて駆動用モーターに求められる回転速度やトルクが変わります。例えば回転速度が低い速度領域では、平坦地を低速で走行するため求められるトルクが小さい「市街地走行モード」と、坂が多い山岳部を走る、もしくは別の車両を牽引するために求められるトルクが大きい「登坂・牽引モード」があるので、駆動用モーターはこの両方のモードに対応する必要があります。

図5-3 **ハイブリッド乗用車のボンネット部分**

ガソリンエンジン —

— パワーコントロールユニット

駆動用
モーター

車輪

補機用バッテリー —

多くの機器を搭載するため、駆動用モーターの小型軽量化が求められる

（自動車技術展2016の展示会場で撮影したトヨタ・プリウスのカットモデル）

図5-4　**電動自動車の駆動用モーターに求められる特性**

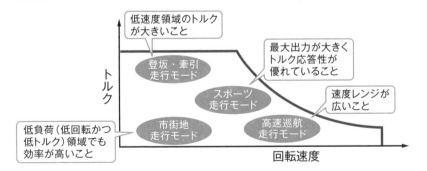

低速度領域のトルク
が大きいこと

最大出力が大きく
トルク応答性が
優れていること

速度レンジが
広いこと

トルク

登坂・牽引
走行モード

スポーツ
走行モード

低負荷（低回転かつ
低トルク）領域でも
効率が高いこと

市街地
走行モード

高速巡航
走行モード

回転速度

**幅広い回転速度に対応し、
条件に応じて適したトルク（出力）を発揮することが求められる**

出典：廣田幸嗣・小笠原悟司編著，船渡寛人・三原輝儀・出口欣高・初田匡之著
『電気自動車工学（第1版）』（森北出版）の図4.1をもとに作成

Point

🖋 駆動用モーターはタフで、小型軽量化や大出力化が容易なことが必要

🖋 駆動用モーターはさまざまな走行モードに対応することが求められる

≫ モーターを知る①
モーターと電気の種類

直流と交流の違い

モーターを流す電気の種類を大きく分けると、直流で動く直流モーターと交流で動く交流モーターの2種類に分類できます。

直流と交流の大きな違いは、**電圧の時間変化**で示せます（図5-5）。直流は、時間に関係なく電圧が一定です。一方交流は、電圧が一定の周期で変化し、正弦波（サインカーブ）を描きます。

交流には単相交流と三相交流があります。単相交流は、1本の正弦波で示されるもので、2本の電線で供給されます。一方三相交流は、位相が120度ずつズレた3本の正弦波で示されるもので、3本の電線で供給されます。

ちなみに駆動用バッテリーが供給する電気は、乾電池と同じ直流です。一方、家庭用コンセントが供給する電気は単相交流です。ただし、発電所から変電所へと送られる電気は三相交流で、分電盤で三相交流を単相交流に変換しています。

モーターの種類

直流モーターと交流モーターには、それぞれ構造が異なる種類があります（図5-6）。

電気自動車の駆動用モーターは、時代によって使われる種類が変化してきました。かつては整流子がある直流モーターが使われたのに対して、現在は整流子がない交流モーター（同期モーターまたは誘導モーター）が使われています。これと同じ変化は、電気で動く電車の駆動用モーター（主電動機）でも起きてきました。

なぜこのような変化が起きたのでしょうか。その答えを、直流モーターと交流モーターの特徴に触れながら探ってみましょう。

図5-5

直流と交流の電圧の時間変化

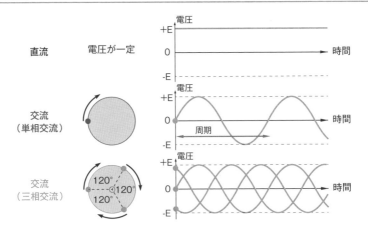

直流　電圧が一定

交流
（単相交流）

交流
（三相交流）

※単相交流と三相交流の右側の曲線は、回転したときの点の軌跡を示している

図5-6　　**直流モーターと交流モーター**

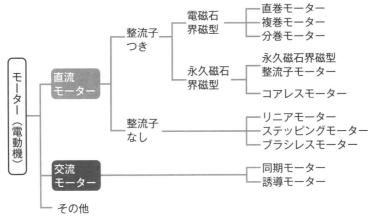

それぞれ入力する電気の種類や、固定子や回転子の
構造が異なる

Point

🖉 モーターは、直流モーターと交流モーターに大別される

🖉 直流と交流では電圧の時間変化が異なる

🖉 直流モーターと交流モーターには、それぞれ構造が異なる種類がある

第5章　モーターを知る①　モーターと電気の種類

》 モーターを知る②
制御が容易な直流モーター

直流モーターの弱点

　一般的な直流モーターは、固定子と回転子の他に、回転子の電磁石（電機子）に電気を流すための整流子とブラシがあります（図5-7）。正確にいうと、パワー半導体を使って整流子とブラシをなくしたブラシレス直流モーターもありますが、ここでは説明を割愛します。

　一般的な直流モーターが回る原理は、**5-1**で紹介した模型用モーターと基本的に同じです。ただし、固定子に永久磁石ではなく電磁石（界磁コイル）を設けた例もあります。

　整流子とブラシは、**電機子の磁極を切り替えるスイッチの役割をしています**（図5-8）。このため回転中に電気火花が散りやすく、ブラシが摩耗し故障しやすいので、**定期的にメンテナンスする必要があります**。その点では、整流子とブラシは直流モーターの弱点ともいえます。

初期の電気自動車や電車で使われた

　直流モーターは、交流モーターよりも制御が容易なので、初期の電気自動車の駆動用モーターとして使われてきました。直流モーターの回転数や出力は、流す電流の値によって容易に変えられるからです。**3-2**で説明した第1次ブームに登場した電気自動車には、すべて直流モーターが使われていました。

　直流モーターは、電車でも長らく使われてきました。近年日本で製造された電車は交流モーターで駆動していますが、1970年代に交流モーターが導入されるまでは、すべての電車が直流モーターで駆動していました。なお、直流モーターで駆動する電車は現在も残っており、日本の一部の鉄道で走り続けています。

図5-7　　**直流モーターの構造**

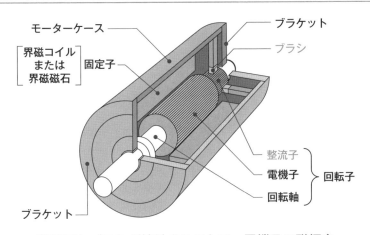

モーターケース

ブラケット

ブラシ

界磁コイル
または
界磁磁石

固定子

整流子

電機子

回転軸

回転子

ブラケット

**整流子とブラシが接触することで、電機子の磁極を
切り替える構造になっている**

出典：赤津観監修『史上最強カラー図解　最新モータ技術のすべてがわかる本』（ナツメ社）の
図B1-1-1をもとに作成

図5-8　　**電車で使われた直流モーター（直流直巻モーター）**

**ケースには整流子やブラシの保守をする穴があり、
外から内部の整流子（矢印）が見える**

Point

- 整流子とブラシは、電機子の磁極を切り替えるスイッチである
- 整流子とブラシは、保守に手間がかかる
- 直流モーターは制御が容易なので、初期の電気自動車や電車に使われた

» モーターを知る③
保守が容易な交流モーター

回転磁界を使って回転子を回す

交流モーターは、固定子の界磁コイルを使って回転する磁界（回転磁界）を作り、内側の回転子を回す構造になっています。回転子に直接電気を供給する必要がないので、整流子やブラシがありません（図5-9）。

回転磁界は、三相交流を使うと簡単に作ることができます。大きさや巻き数が同じコイルを120度間隔で並べて三相交流を流すと、それぞれのコイルが作る磁界から合成磁界ができ、一定の速度（三相交流の周期）で回転します（図5-10）。

現在電動自動車で使われている交流モーター（誘導モーター・同期モーター）は、どちらも三相交流が作る回転磁界を利用して回転子を回転させる構造になっています。したがって、**回転子に電力を供給する整流子やブラシがないため保守が容易であり、直流モーターよりも構造がシンプルであるため、小型軽量化が容易である**という利点があります。

交流モーターを使えるようになった背景

かつては、交流モーターを電気自動車や電車の駆動用モーターとして使うことが困難でした。なぜならば、直流モーターよりも制御が難しく、回転速度やトルクを調節することが容易でなかったからです。

現在は、交流モーターが電気自動車や電車の駆動用モーターとして多用されています。パワーエレクトロニクス技術の発達によって、交流モーターに入力する三相交流の電圧や周波数を連続的に変化させ、回転速度やトルクを制御できるようになったからです。

なお、交流モーターの制御については、**6-4**で詳しく説明します。

図5-9　交流モーターの構造

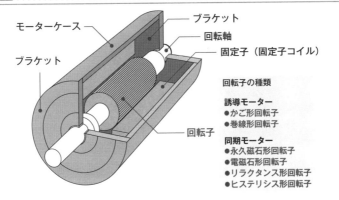

モーターケース
ブラケット
ブラケット
回転軸
固定子（固定子コイル）

回転子の種類

誘導モーター
●かご形回転子
●巻線形回転子

同期モーター
●永久磁石形回転子
●電磁石形回転子
●リラクタンス形回転子
●ヒステリシス形回転子

回転子

一般的な直流モーターと違い、整流子やブラシがないので、保守が容易で小型軽量化が可能である

出典：赤津観監修『史上最強カラー図解　最新モータ技術のすべてがわかる本』（ナツメ社）の図C1-1-1をもとに作成

図5-10　三相交流が回転磁界を作る原理

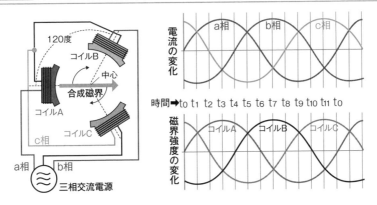

120度
コイルB
中心
合成磁界
コイルA
コイルC
c相
a相　b相
三相交流電源

電流の変化
a相　b相　c相

時間➡ t0 t1 t2 t3 t4 t5 t6 t7 t8 t9 t10 t11 t0

磁界強度の変化
コイルA　コイルB　コイルC

コイルを120度間隔で並べて三相交流を流すと、それぞれのコイルが作る磁界から合成磁界ができ、一定の速度で回転する

出典：赤津観監修『史上最強カラー図解　最新モータ技術のすべてがわかる本』（ナツメ社）の図C1-2-1をもとに作成

Point

✍交流モーターは、回転磁界を作って回転子を回す
✍整流子やブラシがないので、保守の簡略化や小型軽量化ができる
✍制御技術の発達で、交流モーターが電気自動車で使えるようになった

》 駆動用モーター① 電車で多用されている誘導モーター

回転子が回転磁界よりも少し遅く回る

本節では、誘導モーターの例として、電車で多用されている三相かご形誘導モーターの動くしくみを説明します（図5-11）。このモーターは、回転子が鳥かごのような構造をしているので、そう呼ばれています。

三相かご形誘導モーターでは、前節でも述べたように、固定子の界磁コイルに三相交流を流すと回転磁界が発生します。すると回転子の導体に誘導電流が流れ、回転磁界と吸引・反発する力が生じ、回転子が回転磁界の回転速度よりもわずかに遅く回ります。このとき生じる回転速度の差は「すべり」と呼ばれます。

三相かご形誘導モーターの長所と短所

三相かご形誘導モーターには長所と短所があります。主な長所としては、交流モーターのため整流子やブラシがなく（図5-12）、保守が容易であること、直流モーターと比べて構造がシンプルかつ堅牢であり、信頼性や経済性に優れていること、そして次節で説明する永久磁石同期モーターのように、レアメタルを必要とする高価な永久磁石を必要としないことが挙げられます。主な短所としては、永久磁石同期モーターと比べて効率が低く、小型軽量化がやや難しいことが挙げられます。

一部の電気自動車で導入

電気自動車の駆動用モーターとしては、永久磁石同期モーターを採用した車種が多数存在します。ただし、アメリカのテスラが開発した電気自動車の中には、三相かご形誘導モーターを採用した例もあります。

図5-11 ‥‥‥‥‥‥‥‥‥‥‥‥ 誘導モーターの原理

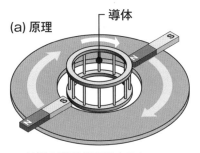

(a) 原理

導体

(b) 基本構造

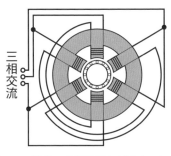

三相交流

外側の磁石が回転すると
内側の導体に誘導電流が流れて
磁極が生じ回転する

固定子で回転磁界が生じると、回転子の導体に誘導電流が流れて
磁極が発生し、外側の磁石よりも遅い速度で回転する

図5-12 ‥‥‥ **電車で導入された三相かご形誘導モーターのカットモデル**

整流子やブラシがない分だけ小型化されており、
保守が容易になっている

Point

🖉 誘導モーターの回転子は、回転磁界よりもわずかに遅く回る
🖉 誘導モーターは、整流子やブラシがなく、保守が容易である

121

》 駆動用モーター② 自動車で多用されている同期モーター

回転磁界と同じ速度で回る

同期モーターは、誘導モーターと同様に交流モーターの一種です（図5-13）。ただし、**回転子が回転磁界と同じ速度で回る**点が、誘導モーターと根本的に異なります。

電気（電動）自動車の駆動用モーターとしては、同期モーターの一種である永久磁石同期モーターが主に使われています（図5-14）。これは、永久磁石を回転子に配置したモーターであり、後述する通り三相かご形誘導モーターよりも小型軽量化が容易であるため、電車よりも空間や重量の制約が多い電動自動車でよく使われています。

ネオジム磁石の問題

永久磁石同期モーターにも長所と短所があります。主な長所としては、三相かご形誘導モーターよりも効率がよく、小型軽量化が容易であり、電動自動車の駆動用モーターとして適していることが挙げられます。主な短所としては、ネオジム磁石のような高価な永久磁石を使うため、コストダウンが難しいことが挙げられます。

ここで紹介したネオジム磁石は、永久磁石同期モーターで使われる代表的な永久磁石で、非常に強い磁界を発生することができるという利点があります。ただし、その材料には、中国などの一部の国に偏在しているネオジムなどのレアメタル（希少金属）があり、**産出国の状況によって入手が困難になるリスクがあります。**

このため現在は、永久磁石同期モーターを安定して製造できるようにするため、ネオジム磁石に代わる存在として、レアメタルの使用量が少ない永久磁石の開発が進められています。

図5-13 .... **同期モーターの原理**

(a) 原理

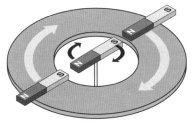

外側の磁石が回転すると
内側の磁石も同じ速度で回転する

(b) 基本構造

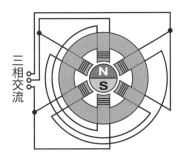

三相交流

回転子が回転磁界と同じ速度で回る

図5-14 .... **永久磁石同期モーターの構造（イメージ）**

電磁石（固定子）

永久磁石（回転子）

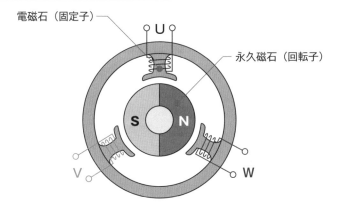

U：U相コイル　　V：V相コイル　　W：W相コイル

Point

- 同期モーターの回転子は、回転磁界と同じ速度で回る
- 電気（電動）自動車では、永久磁石同期モーターが使われている
- ネオジム磁石の材料にはネオジムなどのレアメタルがあり、入手が困難になるリスクがある

≫ 駆動用モーター③　車輪を直接回すインホイールモーター

車輪に埋め込まれたモーター

　ここまでは、モーターが回転するしくみや構造、種類を紹介してきました。本章の最後では、今後の電動自動車の可能性を広げる可能性があるインホイールモーターを紹介します。

　インホイールモーターは、3-2でも紹介したように、**車輪（ホイール）の内側に収納できるモーター**です（図5-15）。モーターの動力は、車輪に直接、または歯車を介して伝えられます。

　電動自動車にインホイールモーターを導入する利点は、主に4つあります（図5-16）。また、従来のガソリン自動車では、左右の車輪の回転速度の差を吸収するデフ（デファレンシャルギア）が必要でした。インホイールモーターを導入すれば、4つの車輪の回転速度やトルクを別々に変えることができるようになり、デフやドライブシャフト（車輪に動力を伝える推進軸）が不要となり、**これまで実現できなかった走りが実現します。**

インホイールモーターの課題

　ただし、自動車にインホイールモーターを導入すると、**さまざまな問題が起こります。**

　その主な例としては、車輪内部の空間的制約があり高出力化が難しいこと、車輪から直接衝撃や振動を受けるので構造を堅牢にする必要があること、車輪の重量が大きくなることでバネ下重量（バネより車輪側にある部品の総重量）が増大し、ボディに伝わる振動や衝撃が大きくなって乗り心地が悪くなることなどがあります。

　現在はこれらの問題を解決するための研究開発を、自動車メーカーや電機メーカーが実施しています。

図5-15　インホイールモーターの例

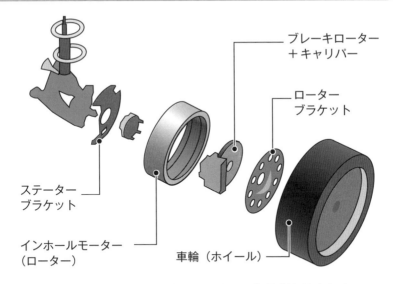

ブレーキローター
＋キャリパー

ローター
ブラケット

ステーター
ブラケット

インホールモーター
（ローター）

車輪（ホイール）

車輪（ホイール）の内側にモーターの部品が収納される

出典：三菱自動車プレスリリース「三菱自動車、新型インホイールモーターを4輪に搭載した実験車
『ランサーエボリューション MIEV』で『四国EVラリー2005』に出場」（URL：https://www.
mitsubishi-motors.com/jp/corporate/pressrelease/corporate/detail1321.html）をもとに作成

図5-16　インホールモーターを導入する4つの利点

❶ 設計の自由度が上がる

❷ 動力伝達の効率が上がる

❸ 駆動輪を増やすのが容易になる

❹ 車輪の舵を切る角度（転舵角）が広がる

Point

✎ インホイールモーターは、車輪に内蔵するモーターである

✎ インホイールモーターの導入で、設計の自由度が上がる

✎ インホイールモーターには克服すべき課題が複数ある

やってみよう

家電製品で使われている「インバータ」を調べてみよう

　かつてテレビにおける家電製品のコマーシャルで、「インバータ」という言葉を繰り返し聞いた時代がありました。当時は、洗濯機や冷蔵庫、エアコンのようにモーターで動く家電製品にインバータが本格的に導入された時期であり、それが大きなアピールポイントになっていたからです。家電製品にインバータが導入される前は、交流モーターを滑らかに制御することが困難で、回転速度を段階的に切り替えていました。例えば扇風機やドライヤーなどは、一部の機種を除き、現在もスイッチを使って風量を段階的に切り替える構造になっています。

　その後、家電製品にインバータが導入されるようになると、交流モーターを滑らかに制御できるようになっただけでなく、交流モーターの小型軽量化と省エネ化が実現しました。それは家電製品にとって大きな変革だったので、コマーシャルに「インバータ」という言葉が多用されたのです。

　なお、現在は家電製品の広告で「インバータ」という言葉を見る機会が減りました。家電製品にインバータを導入するのがもはや当たり前になったからです。

　それでは、どのような家電製品にインバータが使われているのでしょうか。ぜひ調べてみましょう。きっと先ほど挙げた洗濯機や冷蔵庫、エアコンだけではないことに気づくでしょう。

インバータを導入した洗濯機。条件に応じて交流モーターのトルクや回転速度を滑らかに制御している

第**6**章

走りの制御

～「動く」「止まる」のコントロール～

≫ 走りをコントロールする制御技術

自動車に求められる3つの運動性能

　自動車が安全に走行するには、「走る」「曲がる」「止まる」という3つの基本的な運動性能を確保することが求められます（図6-1）。その点電気自動車はガソリン自動車と比べると、これら3つの運動性能が異なります。なぜならば、**電気自動車とガソリン自動車は動力源が異なり**、走りをつかさどる制御のメカニズムが根本的に違うからです。

　そこで本章では、現在の電気自動車に欠かせないパワーコントロールユニット（PCU）の原理を紹介したうえで、電気自動車における「走る」「止まる」という運動性能が高まった理由を説明します。なお、「曲がる」については**9-2**で説明します。

パワーコントロールユニットの役割

　第3章でも述べたように、電気自動車はガソリン自動車よりも長い歴史がありますが、初期の電気自動車は、整流子があって保守に手間がかかる直流モーターで駆動する構造になっており、回生ブレーキは使えませんでした。当時は交流モーターを制御する技術や、回生ブレーキを実現するための電力変換技術がなかったからです。

　ところが1970年代からは、パワーエレクトロニクス技術の発達によってさまざまな電力変換が可能になり、**交流モーターの制御や、回生ブレーキの導入を可能にする**パワーコントロールユニットが開発されるようになりました。

　現在電気自動車で使われているパワーコントロールユニットは、発進・加速時には直流を三相交流に、減速時には三相交流を直流に変換しています（図6-2）。なぜこのような電力変換ができるのでしょうか。次節からは、その秘密に迫ってみましょう。

自動車に求められる基本的な3つの運動性能

アクセルペダル　　　　ハンドル　　　　ブレーキペダル

走る　　　　曲がる　　　　止まる

電気自動車とガソリン自動車では動力源が異なるため、
「走る」「止まる」を実現するしくみが根本的に異なる

電気自動車のパワーコントロールユニットの役割

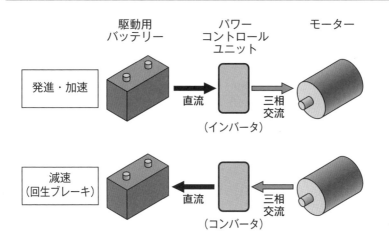

駆動用
バッテリー

パワー
コントロール
ユニット

モーター

発進・加速

直流

三相
交流

（インバータ）

減速
（回生ブレーキ）

直流

三相
交流

（コンバータ）

- 発進・加速時（力行時）はインバータが作動してモーターを制御する
- 減速時はモーターが発電した電気をコンバータが直流に変換し、
駆動用バッテリーに充電する

Point

- 電気自動車は、ガソリン自動車と動力源が根本的に異なる
- 現在の電気自動車は交流モーターで駆動し、回生ブレーキが使える
- その背景には、パワーエレクトロニクス技術の発達がある

» モーター制御の肝となる パワー半導体

電力変換器としてのコンバータとインバータ

パワーコントロールユニットには、コンバータやインバータと呼ばれる変換器があります（図6-3）。コンバータは変換器全般を指し、交流（AC）を直流（DC）に変換するものを「AC-DCコンバータ」、直流を直流に変換するものを「DC-DCコンバータ」、交流を交流に変換するものを「AC-ACコンバータ」と呼びます。インバータは、直流を交流に変換するもので「DC-ACコンバータ」とも呼ばれます。

高速でオン・オフを繰り返すパワー半導体

コンバータやインバータがこのような電力変換をできるのは、高性能なパワー半導体が開発されたおかげです。ここでいうパワー半導体は、入力された信号に従って、電流をオン・オフする半導体素子であり、1秒間に500回以上という一般の機械式スイッチでは不可能な高速でオン・オフできます。

パワーコントロールユニットの構成

電気自動車のパワーコントロールユニットは、主にインバータと制御回路、そして必要に応じて追加される「DC-DCコンバータ」で構成されています（図6-4）。なお、回生ブレーキ使用時は、インバータが「AC-DCコンバータ」として動作し、三相交流を直流に変換します。

制御回路は、入力される運転指令（ドライバーが操作するアクセルペダルやブレーキペダルなどから送られる信号）や、検出した電圧や電流、速度、位置に応じてゲート信号を出力します。**インバータは、このゲート信号に従ってモーターを制御します。**

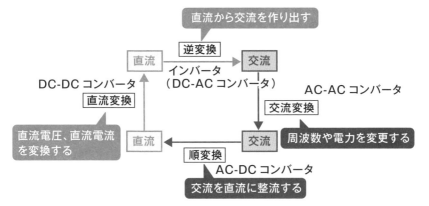

| 図6-3 | コンバータとインバータ |

変換する電気の種類によって呼び方が異なる

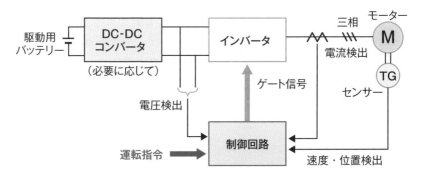

| 図6-4 | パワーコントロールユニットの構成の例 |

※上図におけるインバータはPWMインバータである

- インバータは制御回路から送られるゲート信号に応じてモーターを制御する
- 回生ブレーキ使用時は、インバータが「AC-DCコンバータ」として動作し、三相交流を直流に変換する

Point

- パワーコントロールユニットには、コンバータやインバータがある
- コンバータやインバータでは、パワー半導体が使われている
- 電気自動車のモーターを直接制御するのはインバータである

電力変換のしくみ①
直流の電圧を変える

DC-DCコンバータで直流の電圧を制御する

電気自動車のパワーコントロールユニットで使われている「DC-DCコンバータ」は、パワー半導体を使って直流の電圧を制御します。本節では、その原理を示すため、チョッパ制御とPWM制御をそれぞれ説明します。

直流の電圧を変えるチョッパ制御

チョッパ制御は、**パワー半導体を使って直流の電圧を変化させる制御**です（図6-5）。「チョッパ（chopper）」は「切り刻むもの」を指します。

パワー半導体がオンのときは電圧が一定に保たれるのに対して、オフになる時間を50%にしてオン・オフを繰り返すと、電圧の平均値が直流電源の電圧の50%になります。なお、チョッパ制御は、ここで紹介したように電圧を下げる（降圧する）ものだけでなく、電圧を上げる（昇圧する）ものもあり、それぞれ制御回路が異なります。

パルス幅を変えるPWM制御

PWM制御は、チョッパ制御でよく使われる制御方式です。PWMは、パルス幅変調（Pulse Width Modulation）の略称で、パルス（Pulse：矩形波）の幅（Width）を変化させることで出力される電圧の平均値を制御することを意味します（図6-6）。

チョッパ制御における1組のオン・オフの時間は「スイッチング周期」、それに対するオンの時間の割合は「デューティ比」と呼ばれています。**「デューティ比」を小さくするとパルスの幅が狭くなり、出力される電圧の平均値が小さくなります。**

図6-5　チョッパ制御の原理

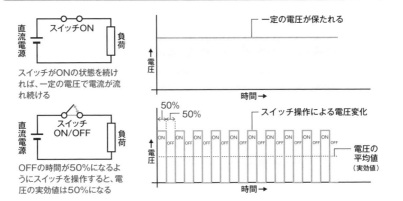

**パワー半導体を使って直流電流を高速で切り刻む
（チョップする）ことで電圧の平均値を変化させる**

図6-6　PWM制御の原理

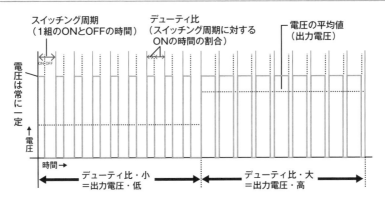

**スイッチング周期を一定にしてデューティ比を小さく
すると、出力される電圧の平均値が小さくなる**

出典：赤津観監修『史上最強カラー図解　最新モータ技術のすべてがわかる本』
（ナツメ社）の図D1-2-1をもとに作成

Point

✐ DC-DCコンバータにはチョッパ制御とPWM制御が使われている

✐ チョッパ制御とPWM制御では、パワー半導体を用いる

✐ PWM制御は、「デューティ比」を変えて電圧の平均値を制御する

電力変換のしくみ②
直流を三相交流に変換する

インバータで直流を三相交流に変換する

　電気自動車のパワーコントロールユニットで使われているインバータは、パワー半導体を使って直流を三相交流に変換して、その電圧と周波数を変化させることでモーターの回転速度や出力を制御しています。本節ではそのしくみを説明します。

パワー半導体でサイン波を作る

　前節で紹介した**PWM制御を応用すると、直流を交流に変換できます**（図6-7）。スイッチング周期を一定にして、デューティ比（オンになる時間の割合）を連続的に変化させると、出力される電圧の変化が疑似的なサイン波（正弦波）を描きます。また、スイッチング周期を短くすると波形が滑らかになり、交流のサイン波に近づきます。これを応用すると、位相が120度ずつズレた疑似的な三相交流を作ることができます。

インバータでモーターを制御する

　電気自動車では、駆動用バッテリーから供給される直流をインバータで三相交流に変換してモーターに流しています。つまり、6つ（2レベルの場合）のパワー半導体をそれぞれオン・オフすることで、電圧変化が疑似的なサインカーブを描く三相交流を作り、モーターに入力しているのです（図6-8）。インバータは、スイッチング周期とデューティ比を変えることで出力する**三相交流の電圧と周波数を変化させ、モーターの回転速度や出力を制御しています。**このような制御は、可変電圧可変周波数（VVVF）制御と呼ばれ、電車でも使われています。

図6-7　　　　**PWM制御で直流を交流に変換する原理**

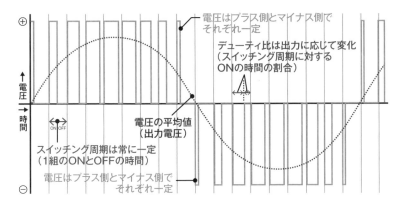

電圧はプラス側とマイナス側で
それぞれ一定

デューティ比は出力に応じて変化
（スイッチング周期に対する
ONの時間の割合）

↑
電圧

↑
時間

電圧の平均値
（出力電圧）

ON OFF

スイッチング周期は常に一定
（1組のONとOFFの時間）

電圧はプラス側とマイナス側で
それぞれ一定

デューティ比を変化させると、出力される電圧の 平均値がサイン波（正弦波）を描く

出典：赤津観監修『史上最強カラー図解　最新モータ技術のすべてがわかる本』（ナツメ社）の
図D2-2-4をもとに作成

図6-8　　　　**インバータで三相交流モーターを制御するしくみ**

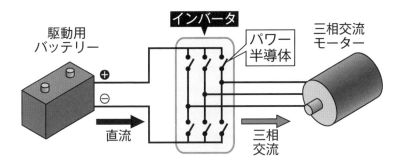

駆動用
バッテリー

インバータ

パワー
半導体

三相交流
モーター

⊕
⊖

直流

三相
交流

インバータの内部には6つ（2レベルの場合）のパワー半導体があり、 それぞれがオン・オフを繰り返すことで疑似的な三相交流を作り、 三相交流モーターに流す

Point

📝 PWM制御を応用すると、直流を三相交流に変換できる

📝 インバータが出力する三相交流の電圧は疑似的なサイン波を描く

📝 三相交流の電圧と周波数を変えれば、モーターの回転を制御できる

高速でオン・オフする パワー半導体

パワー半導体にはいくつかの種類がある

高速でオン・オフするパワー半導体には種類があります。

　現在、電気自動車のパワーコントロールユニットで多用されているパワー半導体は、Si（ケイ素）を材料とするIGBT（絶縁ゲート型バイポーラトランジスタ）、すなわちSi-IGBTです（図6-9）。ただし、Si-IGBTには、スイッチング損失（ターンオフロス）が大きく、動作周波数（オン・オフする周波数）が低いという弱点があります（図6-10）。

　そこで現在は、Si-IGBTに代わるパワー半導体として、SiC（炭化ケイ素）を材料とするMOSFET（金属酸化膜半導体電界効果トランジスタ）、すなわちSiC-MOSFETの導入が進められています。SiC-MOSFETは、Si-IGBTよりもスイッチング損失が小さいため**冷却器を小型化できる**だけでなく、動作周波数が高いため**受動部品の小型化を実現できる**というメリットがあるからです。また、Siを材料とするMOSFET（Si-MOSFET）よりもチップの面積が小さく、小型パッケージに実装できることや、リカバリーロスが非常に小さいなどのメリットがあります。このため、機器の小型化や、消費電力の低減による航続距離の延長を目指して、電気自動車用のSiC-MOSFETの開発が進められています。

「ヒューン」という音の正体

　1-4では、電気自動車が加速・減速するときに「ヒューン」という磁励音が出ることを述べました。この音は、インバータが出力する三相交流に含まれるノイズによってモーターなどが振動することで出るものです。

　ただし、近年登場した電気自動車では、磁励音が目立ちにくくなっています。これは、パワー半導体の動作周波数の向上やノイズフィルタの性能向上など、ノイズを低減するための改良が進んだおかげです。

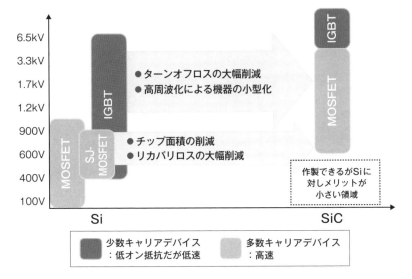

図6-9　Si半導体とSiC半導体

- ● ターンオフロスの大幅削減
- ● 高周波化による機器の小型化

- ● チップ面積の削減
- ● リカバリロスの大幅削減

作製できるがSiに
対しメリットが
小さい領域

6.5kV
3.3kV
1.7kV
1.2kV
900V
600V
400V
100V

Si　　　　　　SiC

少数キャリアデバイス
：低オン抵抗だが低速

多数キャリアデバイス
：高速

現在の電気自動車ではSi-IGBTが多用されている

出典：ROHM Webサイト「SiC-MOSFET」
　　　（URL：https://www.rohm.co.jp/electronics-basics/sic/sic_what3）をもとに作成

図6-10　Si-IGBTとSiC-MOSFETの比較

パワー半導体	スイッチング損失	動作周波数
Si-IGBT	大きい	低い
SiC-MOSFET	小さい	高い

現在はSiC-MOSFETの低コスト化が課題となっている

Point

- ✎ 高速でオン・オフするパワー半導体には種類がある
- ✎ 現在の電気自動車では、パワー半導体として主にSi-IGBTが使われている
- ✎ SiC-MOSFETは冷却器や受動部品の小型化を実現できる

» 走る① スムーズな発進と加速

モーター駆動ならではの走り

電気自動車は、ガソリン自動車と比べると発進がスムーズで、変速ショックがなく滑らかに加速します。それは、エンジンとモーターのトルク特性が根本的に異なるからです（図6-11）。

エンジンのトルクは、停止時にゼロで、回転速度が上がるほど大きくなり、ある回転速度から下がります。このためガソリン自動車では、走行速度とエンジンのトルク特性に応じて変速機の歯車比を段階的に変え、車輪に動力を伝えるので、変速ショックが起こります（一部のAT車除く）。

一方モーターのトルクは、停止時に最大（理論的には無限大）になります。ただし、実際はモーターの故障を防ぐために流れる電流が一定になるように制御するため、低速で回転するときはトルクが一定になります。また、現在は制御技術の発達によって発進時から高速走行時まで連続的にモーターを制御でき、幅広い速度領域で必要な出力を出すことができます。このため、電気自動車は変速機が不要で、スムーズに発進・加速ができます。

なお、アクセルペダルを踏んでからトルクが変化するまでにかかる時間（応答時間）は、エンジンが約100ミリ秒、モーターが約1ミリ秒です。

なぜモーターは静かに回るのか？

電気自動車は、ガソリン自動車と比べると走行音が静かで、ボディに伝わる振動が小さいです。これは、モーターが先述した磁励音を除き、基本的に静かに回り、振動をあまり発生させないからです。

ガソリン自動車の駆動源であるエンジンは、内部で燃料を燃やすときに発生する急激な体積膨張を利用してピストンが往復運動するので、作動時はどうしても音や振動が発生してしまいます（図6-12）。一方モーターでは、作動中に回転軸を回す以外の機械的な動きがないので、前節で述べた磁励音を除いて音や振動をあまり生じません。

| 図6-11 | エンジンとモーターのトルク特性と自動車の駆動性能 |

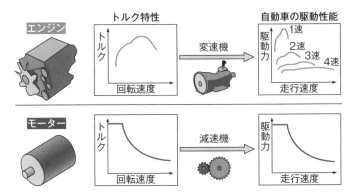

モーターは変速機が不要なので、スムーズに回転速度を上げられる

出典：廣田幸嗣・小笠原悟司編著、船渡寛人・三原輝儀・出口欣高・初田匡之著
『電気自動車工学（第3版）』（森北出版）の図3.9をもとに作成

| 図6-12 | ガソリンを燃料とする4サイクルレシプロエンジンの動作原理 |

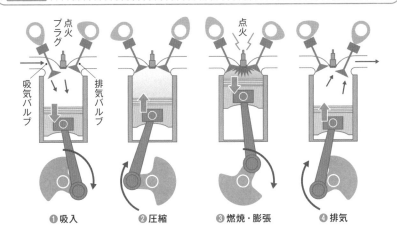

作動時はシリンダー内部で爆発が連続的に発生し、ピストンが往復
運動をするため、大きな音や振動が発生しやすい

Point

∥ 電気自動車は、ガソリン自動車よりも発進や加速がスムーズである
∥ 両者の違いは、モーターとエンジンのトルク特性にある
∥ モーターはエンジンほど音や振動を出さずに回る

》走る② インバータによる モーターの制御

モーターを制御するインバータ

　現在電気自動車の駆動には、交流モーターの一種である三相交流モーターと、それを制御するインバータが使われています。電気自動車で主に使われているインバータは「電圧型」と呼ばれるもので、出力する三相交流の**電圧と周波数を連続的に変え、モーターのトルクと回転速度を変える**しくみになっています（図6-13）。

高速走行時の出力を上げる界磁弱め制御

　モーターのトルクは、回転速度がゼロからある速度（基底速度）までは一定になるように制御されます（図6-14）。一方基底速度以上では、回転速度が上がるとトルクが下がるので、高速走行中に十分な駆動力を得るのが難しくなります。

　この問題を解決したのが、界磁弱め制御です。これは、回転速度が上がると、界磁の磁束がそれに反比例して減少するように制御し、幅広い速度領域で出力を一定する技術であり、**電気自動車が走行できる速度範囲を広げる役目**を果たしています。

応答性を高めるベクトル制御

　現在の電気自動車では、加速や減速の応答性を高める目的でベクトル制御が使われています（図6-15）。ここでいうベクトル制御は、**駆動に使う三相交流モーターの運転状況を把握しながら、それに適するように電圧や周波数を制御する**というもので、電気自動車を含む電動自動車の他に、インバータ制御を導入した電車でも使われています。

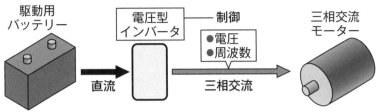

図6-13　インバータのしくみ

電圧型インバータは、三相交流の電圧と
周波数を変えてモーターを制御する

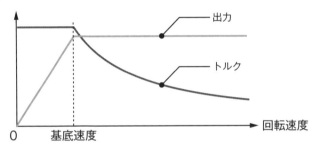

図6-14　制御する交流モーターのトルクと出力の関係（イメージ）

直流モーターを制御すると、幅広い速度領域で一定の出力を発揮できる

図6-15　交流モーターの応答性を高めるベクトル制御

交流モーターの運転状況を確認しながら周波数と電圧を最適化する

出典：安川電機「インバータの種類と特徴」
（URL：https://www.yaskawa.co.jp/product/inverter/type）をもとに作成

Point

　電気自動車の発進・加速は、インバータが電気的に制御する

　インバータは、モーターの出力と回転速度を制御する

　ベクトル制御の導入で、交流モーターの高精度な制御が可能になった

》 止まる① ブレーキの種類

2種類のブレーキ

電気自動車では、パーキング（駐車）ブレーキを除くと、油圧ブレーキや回生ブレーキと呼ばれる2種類のブレーキが使われています（図6-16）。ドライバーがブレーキペダルを踏むと、両者によってブレーキ力が生じます。

エネルギーを捨てる油圧ブレーキ

油圧ブレーキは、その名の通り油圧を使ってブレーキシューやブレーキパッドを回転部分（ドラムやディスク）に押し当て、**摩擦を利用して熱を発生させてブレーキ力を得ます**（図6-17）。つまり、自動車の運動エネルギーを熱エネルギーに変換して大気に放出し、消費する（捨てる）ことでブレーキ力を得ているのです。油圧ブレーキは、電気自動車だけでなく、ガソリン自動車で使われています。

エネルギーをリサイクルする回生ブレーキ

回生ブレーキは、**モーターを発電機として利用してブレーキ力を得ます**（図6-18）。モーターが発電した電力は、駆動用バッテリーに充電されます。つまり、自動車の運動エネルギーの一部をモーターで電気エネルギーに変換し、駆動用バッテリーで化学エネルギーに変換することで、エネルギーを回収しているのです。また、駆動用バッテリーに充電された電力は、のちの発進や加速に利用できるので、エネルギーのリサイクルができ、走行中に消費するエネルギーを節約できます。

回生ブレーキは、現在モーターで駆動するすべての電動自動車で使われています。ハイブリッド自動車がガソリン自動車よりも燃費がよいのは、回生ブレーキを使ってエネルギー効率を上げているからです。

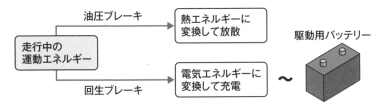

図6-16　油圧ブレーキと回生ブレーキ

- 油圧ブレーキは運動エネルギーを熱エネルギーに変換して放散する
- 回生ブレーキは運動エネルギーの一部を電気エネルギーに変換して駆動用バッテリーに充電する

図6-17　油圧ブレーキの種類

ⓐ ドラムブレーキ　　　ⓑ ディスクブレーキ

どちらも油圧を使って回転部分に部品を押しつけて
摩擦を発生させ、ブレーキ力を得る

出典：森本雅之『電気自動車（第2版）』（森北出版）の図10.6をもとに作成

図6-18　回生ブレーキの原理

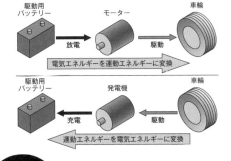

- モーターを発電機として利用してブレーキ力を得る
- 油圧ブレーキが捨てていた運動エネルギーの一部を回収できるので、自動車全体のエネルギー効率が上がる

Point

- 電気自動車のブレーキには、油圧ブレーキと回生ブレーキがある
- 油圧ブレーキは、摩擦を使ってブレーキ力を得る
- 回生ブレーキはモーターを発電機として利用し、ブレーキ力を得る

止まる②　ブレーキの協調

回生ブレーキの弱点

　電気自動車の航続距離を長くするには、できるだけ油圧ブレーキを使わず、**回生ブレーキのみを使って減速するのが好ましい**です。なぜならば、電気自動車の運動エネルギーを効率よく回収でき、駆動用バッテリーに充電した電力をより有効に使うことができるからです。

　ところが実際は、回生ブレーキのみで減速させるのが難しい場合があります。**回生ブレーキだけでは必要なブレーキ力がいつも得られるとは限らないから**です。

　回生ブレーキのブレーキ力が不足するときは、主に3つあります（図6-19）。駆動用バッテリーが満充電に近い状態にあり、これ以上の充電が難しいとき、停止間際の極低速で走行するとき、そして急ブレーキのような大きなブレーキ力が求められるときです。

2種類のブレーキを協調させる回生協調ブレーキ

　このため、電気自動車が止まるときは、**回生ブレーキと油圧ブレーキを併用し、互いに協調させること**で、両者のブレーキ力をあわせた総合ブレーキ力を高める必要があります（図6-20）。このようなブレーキを、回生協調ブレーキと呼びます。

　電気自動車では、回生協調ブレーキを使い、回生ブレーキを優先的に使いながら、不足するブレーキ力を油圧ブレーキで補います。ドライバーが走行中にブレーキペダルを踏むと、まず回生ブレーキのみが働き、途中から油圧ブレーキを併用して必要な総合ブレーキ力を高めます。停止直前には回生ブレーキ力が低下するので、油圧ブレーキのみで減速し、電気自動車を停車させます。

図6-19 ‥‥‥ **回生ブレーキのブレーキ力が不足する3つのケース**

駆動用バッテリーが
満充電に近い状態
であるとき

停止間際の極低速で
走行するとき

大きなブレーキ力を
必要とするとき

図6-20 **回生ブレーキと油圧ブレーキを協調させる回生協調ブレーキ**

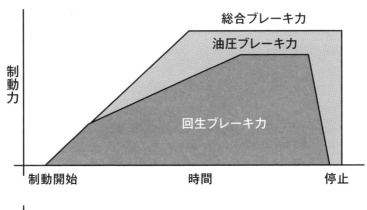

総合ブレーキ力

油圧ブレーキ力

制動力

回生ブレーキ力

制動開始　　　　　　時間　　　　　　　停止

車速

時間

回生ブレーキを優先的に使いながら、油圧ブレーキのサポートを
受けることで、両者をあわせた総合ブレーキ力を大きくしている

出典：森本雅之『電気自動車（第2版）』（森北出版）の図10.8をもとに作成

Point

⟋電気自動車では、回生ブレーキを優先的に使うことが好ましい
⟋回生ブレーキだけでは、十分なブレーキ力を発生できないことがある
⟋回生協調ブレーキは、回生ブレーキと油圧ブレーキを協調させる

やってみよう

電力の消費や回生を意識して運転してみよう

　電気自動車の航続距離は、運転方法によって変わってきます。急加速や急減速を避け、速度の変化を緩やかにすることで消費電力が減り、回生ブレーキによってより多くのエネルギーを回収できるからです。

　多くの電気自動車にはエネルギーモニターがあり、走行中における消費電力や回生電力が表示されます。例えば第1章で紹介した日産の2代目「リーフ」の場合は、スピードメーターの左側にエネルギーモニターが表示されます。円形のメーターにある白線は、消費電力が大きくなるほど右方向に回転し、回生電力が大きくなるほど左方向に回転します。

　もし航続距離を延ばしたいときは、この白線の動きに注目し、電力の消費や回生を意識して運転してみましょう。加速するときは、白線ができるだけ右方向に回転しないようにアクセルペダルを踏めば、消費電力を小さくできます。一方減速するときは、白線ができるだけ左方向に回転しないように緩やかにブレーキペダルを踏めば、油圧ブレーキの力をあまり借りずに減速できるので、より多くのエネルギーを回収できます。

エネルギーモニター（日産の2代目「リーフ」）

（注）運転では、道路や交通の状況に応じた安全かつスムーズな通行を優先してください

第 7 章

走りを支えるインフラ

～充電スタンドと水素ステーション～

» 電動自動車を支えるインフラ

自動車の普及に欠かせないインフラ

　自動車を普及させるには、エネルギーを補給するためのインフラの整備が欠かせません（図7-1）。なぜならば、そのようなインフラが少ないと、エネルギーを補給する機会が少なくなり、自動車の移動範囲が制限されて利便性が低下してしまうからです。

　実際に日本では、給油所（ガソリンスタンド）の数が増えた後に自動車保有台数が増えてきました（図7-2）。給油所数が1950年代から1970年代にかけて増え、5万箇所を超えてから、現在まで自動車保有台数が急速に増え続けてきたのです。なお、1990年代以降に給油所数が減少しているのは、セルフ方式のガソリンスタンドが許可されるなどの規制緩和が行われたことが関係しています。

充電インフラと水素充塡インフラ

　同様に、電気自動車や燃料電池自動車を普及させるには、エネルギーを補給するインフラを整備する必要があります。つまり、電気自動車に搭載した駆動用バッテリーを充電する充電インフラや、燃料電池自動車に搭載した水素タンクに圧縮水素を充塡する水素充塡インフラを多く設け、充電や水素充塡を行う機会を増やす必要があるのです。

　ところが日本では、充電インフラや水素充塡インフラの整備が十分に進んでいません。例えば充電インフラの一種である急速充電器は、2010年頃から世界全体で増え続けているのに対して、日本では2017年からあまり増えなくなり、設置数が横ばいに推移しています（図7-3）。また、2020年には急速充電器の設置数が8,000箇所を超えたものの、同年の給油所数（約3万箇所）の3割弱にとどまっています。

図7-1　自動車にエネルギーを供給するインフラ

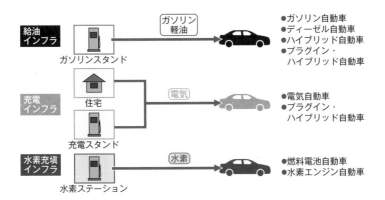

自動車の利便性を高め、普及を推進するには、
このようなインフラの整備が欠かせない

図7-2　日本における給油所数と自動車保有台数の推移

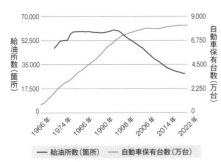

— 給油所数（箇所）　— 自動車保有台数（万台）

給油所数は、自動車保有台数が
増える前に増えてきた

出典：経済産業省資源エネルギー庁資源・燃料部石油流通課
「揮発油販売業者数及び給油所数の推移（登録ベース）」
（URL：https://www.enecho.meti.go.jp/category/resources_
and_fuel/distribution/hinnkakuhou/data/220729.pdf）および
自動車検査登録情報協会「自動車保有台数の推移」
（URL：https://www.airia.or.jp/publish/statistics/
ub83el00000000wo-att/hoyuudaisuusuii04.pdf）をもとに作成

図7-3　急速充電器の設置数の推移

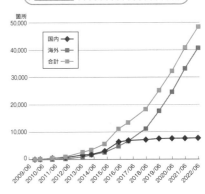

日本では2010年頃から増えたものの、
2017年頃から頭打ちになっている

出典：CHAdeMO協議会「急速充電器設置箇所の推移」
（URL：https://www.chademo.com/wp2016/wp-
content/japan-uploads/QCkasyosuii.pdf）をもとに
作成

Point

✐ 自動車の普及にはエネルギーを補給するインフラの整備が不可欠である
✐ 日本では、給油所数が増えた後に自動車保有台数が増えた
✐ 日本では、充電インフラや水素充塡インフラが十分整備されていない

》 電力の供給①
普通充電と急速充電

電力供給の種類

電気自動車が外部電源から電力の供給を受けて充電する方法にはいくつかの種類があります（図7-4）。**1-8**では、電気自動車に充電プラグを接続し、駆動用バッテリーを充電する方法を紹介してきましたが、それ以外にもプラグを用いない非接触充電や、電車のようにパンタグラフ（集電装置）を使って外部から電力の供給を受けて充電する方法があります。

普通充電と急速充電

第1章でも触れたように、プラグを使うプラグ充電には普通充電と急速充電があります（図7-5）。普通充電は、家庭に供給される100Vまたは200Vの単相交流を電気自動車に流し、車載充電器で単相交流を直流に変換して駆動用バッテリーを充電する方法です。急速充電は、200Vの三相交流を地上充電器（充電スタンド）で直流に変換したうえで電気自動車に流し、駆動用バッテリーを充電する方法です。

普通充電は小容量の電流を流すので、充電には長い時間を要します。ただし、家庭用のコンセントで供給される電気（単相交流100/200V）で充電できるので、自宅で充電することが可能です。

一方急速充電は、専用の地上充電器を使って大容量の電流を流すので、普通充電よりも短い時間で充電できます。ただし、繰り返し急速充電を行うと駆動用バッテリーにダメージを与えるので、80％以上の充電ができないようになっています。

このため、電気自動車は、通常は自宅などで普通充電を行い、出先で充電が必要になったときに急速充電をするように設計されています。つまり、**ガソリン自動車とは、エネルギー補給の考え方が根本的に異なる**のです。

| 図7-4 | 電気自動車が外部から電力の供給を受ける方法 |

- プラグ充電：普通充電・急速充電
- 非接触充電
- パンタグラフ集電

主に使われているのはプラグ充電で、
普通充電と急速充電がある

| 図7-5 | 普通充電と急速充電のしくみ |

普通充電
家庭用電源
単相 100/200 V

車載充電器　駆動用バッテリー
直流

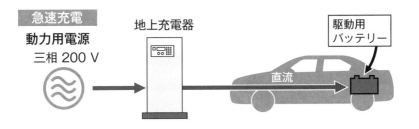

急速充電
動力用電源
三相 200 V

地上充電器
駆動用バッテリー
直流

普通充電では単相交流を流し、
急速充電では短時間に大容量の直流電流を流す

Point

- 電気自動車の充電方法にはいくつかの種類がある
- プラグを使うプラグ充電には、普通充電と急速充電がある
- 電気自動車は、ガソリン自動車とエネルギー供給の考え方が異なる

電力の供給②
なぜ短い時間で充電できないのか？

時間がかかる電気自動車の充電

　電気自動車の充電には、時間がかかります（図7-6）。例えば第1章で紹介した日産の「リーフ」の場合は、普通充電で8～16時間、急速充電（CHAdeMO）で1回当たり30分かかります。一方ガソリン自動車の給油は、ガソリンスタンドに行けば数分で済みます。

　このため、初めて電気自動車を運転した方の中には、「もっと短時間で充電できないのか」と思う方もいるでしょう。しかし、時間がかかるのには理由があるのです。

原因はバッテリー以外の問題

　充電に時間がかかる理由としては、駆動用バッテリーに原因があるように思われがちですが、これは誤解です。なぜならば、駆動用バッテリーとして使われるリチウムイオン電池の中には、東芝が開発した「SCiB」のように、6分間で80%以上充電できるものがすでに存在するからです（図7-7）。

　それにもかかわらず、急速充電でも6分間以上の時間がかかるのは、充電スタンドや電気自動車のコストが増大するからです。**これらの構造は、充電中に流す電流の容量が大きくなればなるほど複雑になり、設置や製造にかかるコストが増えてしまうのです。**

　なお、近年海外では、日本よりも一歩踏み込んだ試みをすることで、上記の問題を解決しようとする動きがあります。例えば中国では、充電スタンドの高出力化や電気自動車の改良によって大容量の電流を流せるようにして、急速充電に要する時間を短縮する、もしくは電気自動車の底部に搭載された駆動用バッテリーを数分間で交換する技術を導入することで、充電による時間のロスを減らすなどの試みが実施されています。

図7-6	普通充電と急速充電の違い

充電設備の種類		普通充電			急速充電
		コンセント		ポール型 普通充電器	
		100V	200V	200V	
想定される充電場所 (例)	プライベート	戸建住宅・マンション、ビル、屋外駐車場など		マンション、ビル、屋外駐車場	ー（ごく限定的）
	パブリック	カーディーラー、コンビニ、病院、商業施設、時間貸し駐車場など			道の駅、ガソリンスタンド、高速道路SA、カーディーラー、商業施設など
充電時間	航続距離 160km	約14時間	約7時間		約30分
	航続距離 80km	約8時間	約4時間		約15分
充電設備本体価格例（工事費は含まない）		数千円		数十万円	100万円以上

急速充電は普通充電よりも短い時間で充電できるが、充電設備の設備費用が高い

出典：経済産業省「充電設備の種類」（URL：https://www.meti.go.jp/policy/automobile/evphv/what/charge/index.html）をもとに作成

図7-7	東芝が開発したリチウムイオン電池「SCiB」

6分間で80％以上充電できる

※SCiBは（株）東芝の登録商標です
（写真提供：東芝）

Point

📎 電気自動車の充電には、ガソリン自動車の給油よりも時間がかかる

📎 急速充電の時間を短縮できないのは流せる電流の容量に限界があるから

電力の供給③
プラグ充電の規格

複数ある規格

プラグ充電には、仕様が異なる規格が複数存在します。 例えば直流を使う急速充電に関しては、世界において主に5つの規格があり、充電コネクターの形状や電気方式、通信方式がそれぞれ異なります（図7-8）。これらの中には、日本方式の「CHAdeMO（チャデモ）」や、中国方式の「GB/T」、アメリカやヨーロッパで使われている「COMBO（コンボ）」、そしてテスラ方式（スーパーチャージャー）があります。いずれの方式も、世界全体におけるシェアを増やすために競争しています。

日本生まれの「CHAdeMO」

日本では、プラグ充電の規格がほぼ統一されており、急速充電に関しては2010年に定められた「CHAdeMO」という規格が主に使われています（図7-9）。この「CHAdeMO」という名前は、「CHArge de MOve（動くための充電）」の略であるとともに、「クルマの充電中に『茶でも』いかがですか」という意味も込められています。

進む高出力化と課題

現在世界では、電気自動車の急速な普及に伴い、急速充電器を高出力化する動きがあります。高出力化が進めば、充電に要する時間を短縮でき、電気自動車の利便性が向上するからです。

ただし、**この実現は容易ではありません。** なぜならば、急速充電器を高出力化すると、前述の通り、急速充電器の設置や維持にかかるコストが増大するだけでなく、電気自動車の負担が増えてしまうからです。

図7-8	世界における急速充電の主な規格				
項　目	日本方式	中国方式	米国方式	欧州方式	テスラ方式
	CHAdeMO	GB/T	US-COMBO CCS1	EUR-COMBO CCS2	スーパーチャージャー
コネクター					
車側インレット					
🇺🇳 IEC	✓	✓	✓	✓	
🇺🇸 ◆IEEE	✓		SAE		
■ EN	✓			✓	
🇯🇵 JIS	✓	✓	✓	✓	
🇨🇳 GB		✓			
通信方式	CAN		PLC		CAN
最大出力（仕様）	400kW 1,000V 400A	185kW 750V 250A	200kW 600V 400A	350kW 900V 400A	?
最大出力（市場）	150kW	50kW	50kW	350kW?	120kW
初号機設置	2009年	2013年	2014年	2013年	2012年

出典：CHAdeMO協議会「超高出力充電システムの共同開発について」、2018年8月22日を
　　　もとに作成

図7-9	「CHAdeMO」の充電プラグ

日本では急速充電器のプラグがほぼ
「CHAdeMO」に統一されている

　プラグ充電には、仕様が異なる規格が複数存在する

　日本では、主に「CHAdeMO」と呼ばれる急速充電の規格が使われている

　急速充電器の高出力化は、容易ではない

電力の供給④ パンタグラフ集電

パンタグラフで電気を取り込む

　電気自動車と充電インフラを接触させる充電方式には、コネクターを接続するプラグ充電の他に、電車のようにパンタグラフで外部から電力を供給する方式もあります。この方式は、電気自動車の屋根上に固定されたパンタグラフを、道路上に張られた架線に接触させて電気を取り込むもので、トロリーバスで長らく使われているものです。今はこの技術を電動自動車の充電に応用しようとする動きがあります。

専用道で電気を供給する「eHighway」

　例えばドイツのシーメンスは、道路貨物輸送の電化を目的としたトラック輸送システムとして「eHighway（イーハイウェイ）」を開発しています（図7-10）。これは、モーターとディーゼルエンジンの両方で駆動するハイブリッドトラックを用いたものです。

　ハイブリッドトラックは、専用道に入るとパンタグラフを上げて架線と接触し、電気の供給を受けて駆動用バッテリーを充電しながらモーターで駆動します。専用道以外ではパンタグラフを下ろし、ディーゼルエンジンまたはモーターで駆動します。

バス停で充電するシステム

　同じくシーメンスは、停車中にパンタグラフを使って充電できるシステムも開発しています（図7-11）。これは、電気バスを用いるもので、**バス停で長い時間停車するときにパンタグラフを上げ、バス停に設けられた架線に接触し、電気の供給を受けて駆動用バッテリーを充電する技術**です。この技術は、手動でコネクターを接続する必要がない給電システムとして期待されています。

図7-10　ドイツのシーメンスが開発した「eHighway」

ハイブリッドトラックが電車のようにパンタグラフで集電して走る
（写真提供：シーメンスAG）

図7-11　シーメンスが開発したパンタグラフつき電気バス

停車中にパンタグラフを上げて充電する
（ドイツ・ベルリンのイノトランス2016会場にて著者撮影）

Point

- 電力供給を受けるシステムとしてパンタグラフを用いるものがある
- 「eHighway」は、専用道をトラックがパンタグラフで集電して走る
- 停車中にパンタグラフを上げて充電できる電気バスがある

≫ 電力の供給⑤　非接触充電

ワイヤレスで充電する

　現在、一部の電気自動車では非接触充電が採用されています。非接触充電は、地上から電気自動車に非接触（ワイヤレス）で電力を供給し、駆動用バッテリーを充電する方式です。

　非接触充電には、主に3つの種類が存在します。電磁誘導方式と電磁界共鳴方式、そして電波方式です（図7-12）。

　電磁誘導方式は、送電（1次）コイルと受電（2次）コイルを隣接させ、電磁誘電現象を利用して電力を伝える方式です（図7-13）。大電力を伝えられる反面、コイル同士の距離が離れすぎると送電効率が下がり、十分な電力を伝えられないという弱点があります。

　電磁界共鳴方式は、電磁界と共鳴現象を利用して、送電コイルから受電コイルに電力を伝える方式です。

　電波方式は、電流をマイクロ波などの電磁波に変換し、アンテナを介して電力を伝える方式です。距離が離れていても送電できますが、送電効率が低いという弱点があります。

走りながら給電する走行中ワイヤレス給電

　現在日本で実用化されているのは、電磁誘導方式を利用して電気自動車が地上コイルの上に停止した状態で電力の供給を受ける方法です。

　その一方で、電気自動車が走りながら非接触で電力供給を受ける技術も開発されています。 これは走行中ワイヤレス給電と呼ばれるもので、道路に埋め込んだ給電システムが電気自動車の受電コイルに連続的に電力を供給する技術です。実現すれば、電気自動車のバッテリー容量を小さくしながら走行距離を延ばすことができます。

図7-12 非接触充電の種類

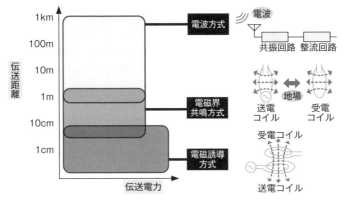

それぞれ伝送電力や伝送距離の守備範囲が異なる

出典：日刊工業新聞社編、次世代自動車振興センター協力『街を駆けるEV・PHV−基礎知識と普及に向けたタウン構想−』（日刊工業新聞社）p37をもとに作成

図7-13 日本で実用化されている非接触充電（電磁誘導方式）

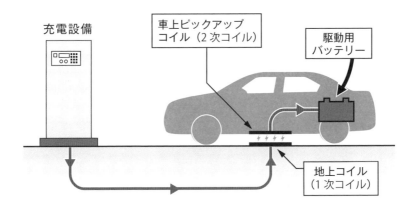

自動車が地上コイルの上で停車し、地上設備から電力の供給を受ける

Point

* 非接触充電には、3つの種類がある
* 日本では、停止中に非接触で充電するシステムが実用化されている
* 走行中に非接触充電できるシステムも開発されている

電力の供給⑥　V2HとV2G

電気自動車と電力系統を連携させる

　電気自動車が増加すると、それに伴って電力需要が増え、既存の発電所の負担が増大します。そこで現在は、**電力利用の最適化や再生可能エネルギーの活用を目的**として、電気自動車と電力系統を連携させるV2HやV2Gの導入が進められています。

家庭の電力系統と連携させるV2H

　V2Hは、Vehicle to Homeの略で、電気自動車の駆動用バッテリーの電力を家庭用電源として使用することを示しています。現在家庭では、家庭のエネルギー消費を最適化するHEMS（Home Energy Management System）や、ITを活用して電力系統（グリッド）全体の電力利用を最適化するスマートグリッドの導入が進んでいます（図7-14）。V2Hは、これらのシステムと電気自動車を組み合わせることで、**電力利用の効率化を実現します。**

広範囲の電力系統と連携させるV2G

　V2Gは、Vehicle to Gridの略で、電気自動車と広範囲の電力系統を接続し、駆動用バッテリーから電力系統に電力を供給することを指します（図7-15）。このシステムは、風力や太陽光などの**再生可能エネルギーによる不安定な電源と、電気自動車の充電システムを組み合わせることによって、電力供給の平準化を図ることを目的**としています。電気自動車の充電システムは、火力発電よりも負担変動に応答しやすく、再生可能エネルギーによる発電で得られる電力の平準化に適しているというメリットがあるからです。

| 図7-14 | **V2Hのしくみ** |

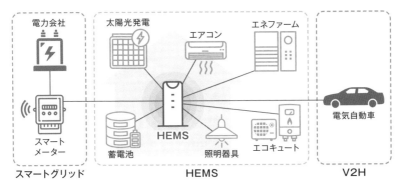

電気自動車の駆動用バッテリーの電力を家庭の電力系統に供給する

出典：森本雅之『電気自動車（第2版）』（森北出版）の図12.10をもとに作成

| 図7-15 | **V2Gのしくみ** |

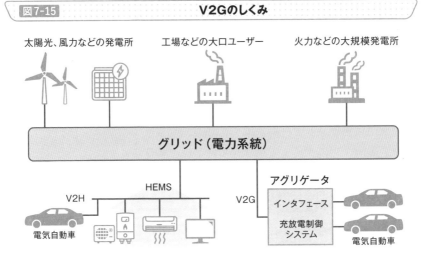

電気自動車の充電システムを広範囲の電力系統（グリッド）と接続する

出典：森本雅之『電気自動車（第2版）』（森北出版）の図12.11をもとに作成

Point

✎ 電力利用の最適化などを図る手段としてV2HやV2Gの導入が進められている

✎ V2Hは、家庭の電力消費を最適化できる

✎ V2Gは、再生可能エネルギーによる不安定な電力供給の平準化を図れる

水素の供給①
水素ステーション

水素ステーションの種類

　水素を燃料とする自動車には、燃料電池自動車や水素エンジン自動車があります。これらの**自動車に水素を供給するインフラ**には、水素ステーションがあります。

　水素ステーションを大きく分けると、定置式と移動式があります。定置式はガソリンスタンドのように一定の場所に設けるもの、移動式は水素タンクを搭載したトレーラーのように移動するものを指します。

　定置式には、オンサイト型とオフサイト型があります（図7-16）。オンサイト型は水素製造設備を設けたものです。オフサイト型は水素製造設備がないもので、別の場所にある大規模な水素製造設備で製造した水素をトレーラーで運び、水素の供給を受けます。なお、移動式はすべてオフサイト型です。

　水素ステーションには、自動車に圧縮水素を供給するディスペンサーがあります。ディスペンサーにはホースがあり、その先にある口金を自動車の充塡口に密着させて圧縮水素を自動車の水素タンクに供給します。水素タンクを満タンにするまでにかかる時間は、約3分です。

水素の製造方法

　水素の製造方法には主に4つの種類があり、化石燃料を原料にする方法や副生ガス（工業プロセスの副生成物として得られる水素）を精製する方法、バイオマスなどを利用して得られるメタノールやメタンガスなどを原料とする方法、そして自然エネルギーで得られる電気で水を電気分解する方法があります（図7-17）。バイオマスなどを利用する方法は、褐炭（質の低い石炭）や下水汚泥のように、従来廃棄されていたものを利用する点で注目されています。

図7-16 定置式水素ステーションの構造

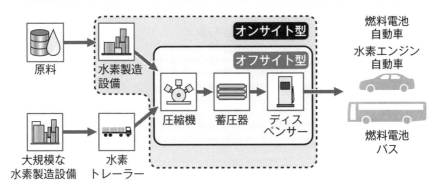

水素製造設備はオンサイト型にありオフサイト型にはない

図7-17 水素の製造方法

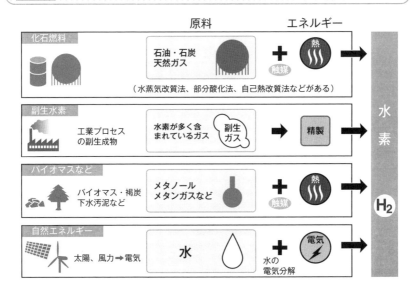

Point

🖉 自動車に水素を供給するインフラは水素ステーションと呼ばれる

🖉 水素ステーションには定置式と移動式がある

🖉 定置式にはオンサイト型とオフサイト型がある

》 水素の供給②
水素社会との連携

水素が注目される理由

　水素が次世代を担う燃料として注目されている理由は、主に3つあります（図7-18）。**化石燃料のように枯渇する心配がなく、サステナブル（持続可能）な社会の実現に貢献できること**、前節で述べたように**複数の製造方法があり、入手しやすいこと**、そして**燃料電池の発電や水素エンジンの作動に利用しても排出するのは水であり、地球環境に負荷をかけずクリーンであること**です。

水素社会の実現

　このため現在日本政府は、自動車メーカーなどと連携しながら、水素社会（水素を主なエネルギー源として活用する社会）を実現しようとしています（図7-19）。なぜならば、日本はエネルギー資源が乏しいうえに、エネルギー自給率が低い国であり、他国からのエネルギー資源の供給が不安定になると、社会が大きな影響を受けるという弱点があるからです。つまり、**国のエネルギー問題を解決する手段として水素社会の実現を目指しているのです。**

水素ステーションの整備の遅れ

　ところが日本では、水素社会の実現の第一歩ともいえる**水素ステーションの整備が遅れています**。水素ステーションの設置数は、2015年に世界初の量産型燃料電池自動車「ミライ」の一般販売が始まってから少しずつ増えました。ところがその後は横ばいに推移しており、ガソリンスタンドの設置数の100分の1に満たず、水素を燃料とする自動車が広く普及するうえでのネックとなっています。

図7-18	水素が次世代を担う燃料として注目されている主な理由

枯渇する心配がない

入手しやすい

クリーンである

図7-19	水素社会のイメージ

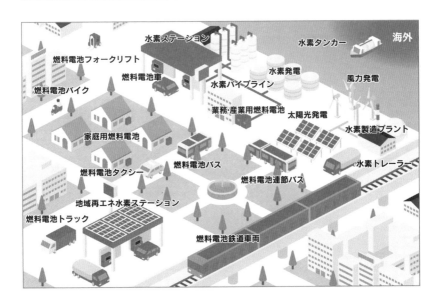

化石燃料ではなく、水素をエネルギー源として活用する

出典：環境省「脱炭素・水素社会の実現に必要な水素サプライチェーン」
（URL：https://www.env.go.jp/seisaku/list/ondanka_saisei/lowcarbon-h2-sc/）

Point

- 水素が次世代の燃料として注目されている理由は主に3つある
- 日本政府は、エネルギー問題を解決するために水素社会の実現を目指す
- 水素ステーションの整備には時間を要している

やってみよう

最寄りの水素ステーションを探してみよう

　第1章の「やってみよう」では充電スタンドを探しました。本章では水素ステーションを探してみましょう。現在日本で稼働している水素ステーションは、164箇所あります（2023年1月時点）。

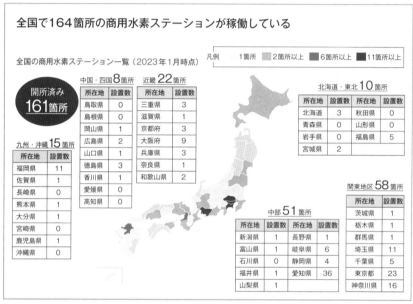

全国で164箇所の商用水素ステーションが稼働している

全国の商用水素ステーション一覧（2023年1月時点）　凡例　1箇所　2箇所以上　6箇所以上　11箇所以上

開所済み 161箇所

中国・四国 8箇所

所在地	設置数
鳥取県	0
島根県	0
岡山県	1
広島県	2
山口県	1
徳島県	3
香川県	1
愛媛県	0
高知県	0

近畿 22箇所

所在地	設置数
三重県	3
滋賀県	1
京都府	3
大阪府	9
兵庫県	3
奈良県	1
和歌山県	2

北海道・東北 10箇所

所在地	設置数	所在地	設置数
北海道	3	秋田県	0
青森県	0	山形県	0
岩手県	0	福島県	5
宮城県	2		

九州・沖縄 15箇所

所在地	設置数
福岡県	11
佐賀県	1
長崎県	0
熊本県	1
大分県	1
宮崎県	0
鹿児島県	1
沖縄県	0

中部 51箇所

所在地	設置数	所在地	設置数
新潟県	1	長野県	1
富山県	1	岐阜県	6
石川県	0	静岡県	4
福井県	1	愛知県	36
山梨県	1		

関東地区 58箇所

所在地	設置数
茨城県	1
栃木県	1
群馬県	1
埼玉県	11
千葉県	5
東京都	23
神奈川県	16

各都道府県の商用水素ステーションの設置数
出典：環境省Webサイト（URL：https://www.env.go.jp/seisaku/list/ondanka_saisei/lowcarbon-h2-sc/PDF/application_hstation.pdf）

　最寄りの水素ステーションを探したいときは、インターネットを使って検索してみましょう。例えばスマートフォンを使い、Googleなどの検索サイトで「水素ステーション　最寄り」というキーワードで検索すると、現在地に近い位置にある水素ステーションを示した地図と、それぞれの連絡先や営業時間が表示されます。

第 **8** 章

電気自動車と環境

~どれくらい「エコ」なのか?~

» 電気自動車は本当にエコなのか？

環境規制から生まれたクルマ

1-1 でも触れたように、電気自動車は走行中に CO_2 などの環境に負荷をかける物質を一切排出せず静かに走れるため、「エコカー」の一種とされています。また、ZEV（無公害車）や次世代自動車の代表例とされており、「環境に負荷をかけないクルマ」として期待されてきました。

このため先進国を含む多くの国々は、従来のガソリン自動車の排気ガスに対して厳しい規制をかけるとともに、電気自動車をはじめとする「エコカー」の普及を推進してきました。

その結果、世界全体で「エコカー」の販売台数が大幅に増えました。例えばイギリスのロンドン交通局（TfL）は、公共交通全般の CO_2 排出量を減らすためにバスの電動化を積極的に進めました（図8-1）。また、ノルウェーやオランダ、中国などのように、**電気自動車の普及の推進を国家戦略の1つとして取り組んだ国では、電気自動車の販売台数が急速に増えました。**

「エコ」に対する疑問

ただし、電気自動車を普及させることは、本当に「エコ」なことなのでしょうか。この疑問に対する答えは、残念ながら明確には示すことはできません。なぜならば、電気自動車の充電に使われた電力や、製造や廃棄に使われた電力が CO_2 を排出して発電したものであれば、「エコ」であるとはいいがたいからです。また、電気自動車で使われた駆動用バッテリーなどの部品をそのまま廃棄すると、環境に影響を与えるからです。

つまり、**電気自動車が「エコ」であるか否かを判断するには、走行中だけでなく、充電した電力の発電方式や、ライフサイクル全体を見渡してトータルで判断する必要がある**のです（図8-2）。

図8-1	ロンドンを走る2階建てEVバス

- 中国の自動車メーカーであるBYDが製造
- ロンドン交通局（TfL）は、公共交通全般のCO_2排出量を減らすためにバスの電動化を積極的に進めている

（写真：ロイター／アフロ）

図8-2	電気自動車のライフサイクル

ライフサイクル段階	部品および車両の製造	自動車の使用	廃棄・リサイクル
環境負荷低減に向けた活動	工場、物流からのCO_2排出量の削減	●燃費性能の向上（内燃機関の効率化、電動化、軽量化など） ●代替燃料対応技術の開発促進	廃棄物発生量の削減、リサイクルの推進

LCA
- 環境影響を定量的に評価
- 低減の機会を特定／取組みへフィードバック

「エコ」であるかは、ライフサイクル全体を見渡しトータルで判断する必要がある

出典：マツダ公式サイト「LCA（ライフサイクルアセスメント）」
（URL：https://www.mazda.com/ja/sustainability/lca/）をもとに作成

Point

- 電気自動車は「エコカー」の一種として販売台数を伸ばしてきた
- ノルウェーのように国家戦略として電気自動車を増やした国もある
- 電気自動車が「エコ」であるかは、トータルで考える必要がある

見えない場所で出すCO_2

発電方式で異なるCO_2排出量

電気自動車が「エコ」であるか評価するには、「見えない場所」で排出するCO_2の量に着目する必要があります。この「見えない場所」の代表例には発電所があります。

発電所の発電方式にはさまざまな種類があります（図8-3）。その中には、原子力発電や再生可能エネルギーによる発電のように、発電中にCO_2を排出しない発電方式がある一方で、石油・石炭・天然ガス（LNG）といった化石燃料を消費してCO_2を排出する火力発電もあります。

もし、電気自動車に充電する電力に火力発電で得た電力が含まれていると、電気自動車は「エコ」であるとはいえません。

火力発電の割合が大きい現在の日本

発電方式の割合（電源構成）は、国や地域によって異なります（図8-4）。

例えば現在の日本における電源構成は、化石燃料（石油・天然ガス・石炭）による**火力発電が8割近くを占めています**。これだけ火力発電の割合が大きくなった背景には、2011年に東京電力福島第一原発事故が発生したのを機に、国内のすべての原子力発電所を停止させたことが関係しています。現在全体の約4%を占めているのは、この事故後に再稼働した原子力発電所が発電した電力です。

これほど火力発電の割合が大きい国では、電気自動車に充電する電力がCO_2を排出して発電したものになる確率が高くなるので、電気自動車が「エコ」であるとはいいがたくなります。

この問題を解決するには、電力構成における再生可能エネルギーの割合を増やす必要があります。

図8-3 発電所で使われている主な発電方式

CO₂を排出しない発電方式

- 原子力発電
- 再生可能エネルギーによる発電
  （水力・太陽光・風力など）

CO₂を排出する発電方式

火力発電
（石油・石炭・天然ガス）

2011年に東京電力福島第一原発事故が起きてからは、再生可能エネルギーによる発電がCO₂を排出しない発電方式として注目されている

図8-4 主要国の発電電力量に占める再エネ比率の比較

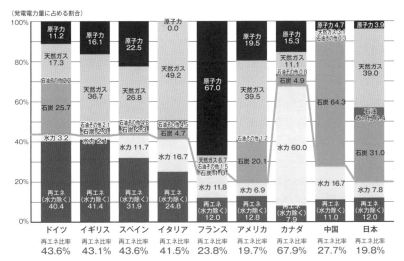

（発電電力量に占める割合）

出典：資源エネルギー庁『日本のエネルギー 2022年度版「エネルギーの今を知る10の質問」』
（URL：https://www.enecho.meti.go.jp/about/pamphlet/energy2022/007/）をもとに作成

Point

- 電気自動車は、火力発電で得た電力で充電すると「エコ」とはいえない
- 現在の日本の電力構成では、全体の8割近くを火力発電が占めている
- 今後は、再生可能エネルギーの割合を増やす必要がある

環境性能をトータルで評価する

環境性能を比べるための2つの指標

電気自動車が「エコ」であるか否かは、電気自動車が消費する電力の発電方法や、製造から廃棄に至るまでのライフサイクル全体を見渡して判断する必要があります。ここではそのための代表的な指標として「Well to Wheel（ウェル・トゥ・ホイール）」と「LCA」を紹介します。

使用時を評価する「Well to Wheel」

Well to Wheelは、油田（Well）から車輪（Wheel）までという意味で、**1次エネルギー源の採掘から車両走行に至るまでの環境負荷を定量的に評価する指標**です。ガソリンなどの石油燃料でいえば、油田で原油を採掘してから、自動車の車輪を駆動させるまでにどれだけ環境負荷を与える物質を出したかを示します。

図8-5は、各種自動車の1km当たりのCO_2排出量をWell to Wheelで評価したグラフです。これを見ると、電気自動車のCO_2排出量が発電方式によって大きく変わることがわかります。

ライフサイクルを評価する「LCA」

LCAは、Life Cycle Assessment（ライフ・サイクル・アセスメント）の略で、**自動車の製造から廃棄までのライフサイクルでの環境負荷を定量的に評価する指標**です。

図8-6は、各種自動車の製造から廃棄までのCO_2排出量を比較したグラフです。これを見ると、電気自動車（EV）よりもプラグイン・ハイブリッド自動車（PHV）の方がCO_2の排出量が少ないことがわかります。

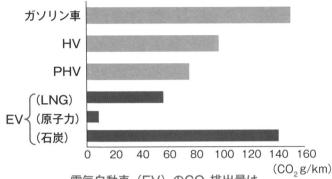

図8-5 Well to Wheelで評価した各種自動車の1km当たりのCO_2排出量

電気自動車（EV）のCO_2排出量は、
消費する電力の発電方式によって異なる

出典：クリックカー「今さら聞けない『電動車』とは？ 『電気自動車』『PHEV』『HEV』『燃料電池車』も含む
車両の特徴とコスト比較で紹介」（URL：https://clicccar.com/2020/12/18/1024395/）をもとに作成

図8-6 LCAで評価した各種自動車のCO_2排出量

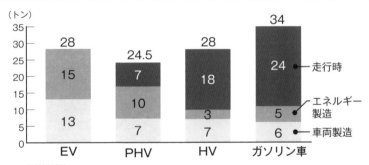

（試算前提）
●年間走行 1.5 万 km
●使用期間 10 年
●EVは電池容量80kWh、PHVは10.5kWh（EV走行時6割前後）

この中ではプラグイン・ハイブリッド自動車（PHV）が一番少ない

出典：「連載『カーボンニュートラルの実像 JAMAデータベースから』（7）クルマの
ライフサイクルCO_2」
日刊自動車新聞電子版 2021 年 6 月 25 日付
（URL：https://www.netdenjd.com/articles/-/251732）をもとに作成

✎主な環境性能の指標として Well to Wheel と LCA がある
✎Well to Wheel は、エネルギー消費の過程に着目した指標である
✎LCA は、自動車のライフサイクルに着目した指標である

再生可能エネルギーの活用

再生可能エネルギーとグリーン電力

　電気自動車を「エコ」な乗り物にするには、CO_2を排出しない方法で発電した電力で充電する必要があります。このような電力には、原子力発電で得た電力の他に、再生可能エネルギー（図8-7）で得た電力（グリーン電力）があります。

　先述した2011年の東京電力福島第一原発事故が起きてからは、このグリーン電力の活用がカーボンニュートラル（脱炭素化）とサステナブル（持続可能）な社会を実現するものとして注目されています。このため現在は、**より多くの電気自動車でグリーン電力を使用する環境を整えることが検討されています。**

再生可能エネルギーの長所と短所

　再生可能エネルギーは、自然界に常に存在するエネルギーです。水力や地熱、バイオマス、太陽光、風力などがこれに含まれます。

　その主な長所には、「枯渇しない」「どこにでも存在する」「CO_2を排出しない（増やさない）」があります（図8-8）。

　一方主な短所には、「エネルギー密度が低い」「電力需要に合わせて発電量を調節できない」「発電コストが割高」などがあります。また、水力発電や地熱発電は、発電量が比較的安定していますが、ダムや地熱が得られる場所など、設置場所が限られます。太陽光発電や風力発電は設置場所に関する制限が少ないものの、発電量は季節や天候によって大きく左右されますし、太陽光発電は夜間に発電できないという弱点があります。

　現在は、**これらの短所をカバーし、再生可能エネルギーを効率よく利用するシステム**として、後述するスマートグリッドや水素社会を実現させる動きがあります。

図8-7　**主な再生可能エネルギー**

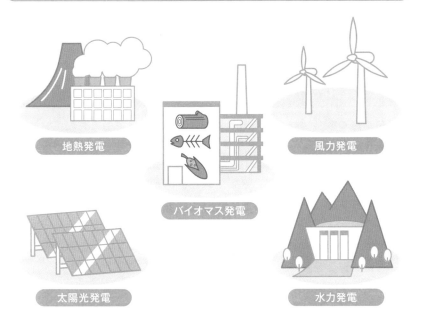

地熱発電

バイオマス発電

風力発電

太陽光発電

水力発電

いずれも自然界に存在するエネルギーであり、
発電に使うことができる

図8-8　**再生可能エネルギーの主な長所と短所**

主な長所	主な短所
●枯渇しない ●どこにでも存在する ●CO_2を排出しない	●エネルギー密度が低い ●需要に合わせて発電できない ●発電コストが割高

Point

🖉再生可能エネルギーで得た電力は、グリーン電力と呼ばれる

🖉電気自動車はグリーン電力を使用することで「エコ」になる

🖉再生可能エネルギーの短所をカバーする技術が求められている

》 ITとスマートグリッド

ITを駆使してバランスを取る

　現在、日本を含む多くの先進国で、スマートグリッドの実現が検討されています（図8-9）。スマートグリッドとは、「賢い電力網」を意味する言葉で、既存の電力網を再構築し、ITでリアルタイムなエネルギー需要を把握しつつ、各発電設備から効率よく送電を行うしくみを指します。

　スマートグリッドは、もともと増え続ける電力需要に対応するためにアメリカで開発されたものです。発電所や送電網だけでなく、家庭や工場などの電力消費地を光ファイバーなどのネットワークで結び、**電力供給の効率を上げることを目的としています。**

再生可能エネルギーを積極的に導入

　スマートグリッドが実現すると、再生可能エネルギーを積極的に導入でき、従来の発電所が排出していたCO_2を削減することが可能になります。つまり、供給する電力全体に対するグリーン電力の割合が高くなり、社会全体で排出するCO_2を削減できるのです。また、太陽光発電（図8-10）や風力発電のような発電量の変動が大きくて規模が小さい発電方式にも対応しやすくなり、再生可能エネルギーを**より効率よく活用すること**が可能になります。

グリーン電力の充電で真の「エコカー」に近づく

　このようなスマートグリッドを使って充電設備に優先的にグリーン電力を供給できれば、そこで充電した電気自動車は真の「**エコカー」に近づく**と期待できます。

図8-9 **スマートグリッドの概念図**

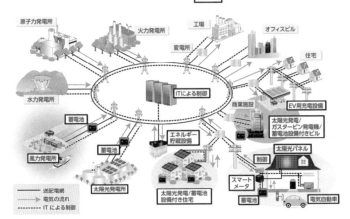

IT を駆使して発電設備や消費設備をネットワークで結ぶことで、
地域全体の電力の供給を効率よく行う

出典：経済産業省、次世代エネルギーシステムに係る国際標準化に関する研究会、2010年1月「次世代
エネルギーシステムに係る国際標準化に向けて」（URL：https://dl.ndl.go.jp/pid/11249964/1/1）

図8-10 **太陽光発電をするソーラーパネル**

発電量が天候によって大きく左右されるが、スマートグリッド
と組み合わせることで、発電した電力を有効活用できる

（写真：イメージマート）

Point

- スマートグリッドは地域全体の電力網の送電効率を高める
- スマートグリッドによって、再生可能エネルギーの利用効率が上がる
- 電気自動車は、スマートグリッドによって真の「エコカー」に近づく

» 水素を活用する水素社会

水素を燃料として使う社会システム

7-9でも解説したように、水素社会は、**水素を燃料として活用する社会システム**です（図8-11）。水素は、燃えたとき、また燃料電池に通したときに水を生成し、CO_2が発生しないため、クリーンなエネルギー源として期待されています。また、**7-8**でも述べたように、水素はさまざまな方法で製造できますし、貯蔵することが可能です。水素社会は、そのような水素の強みを活かし、地域全体におけるCO_2の排出量を減らした社会なのです。

再生可能エネルギーと水素

水素社会は、**太陽光発電や風力発電のような供給量の変動が大きい再生可能エネルギーを効率よく使える社会**でもあります。それぞれが発電した電力を使って水の電気分解を行い、発生した水素をタンクに貯蔵しておけばよいからです。

貯蔵した水素は、燃料電池自動車に使えるだけでなく、燃料電池の発電に使うことで、電気自動車やプラグイン・ハイブリッド自動車の充電に使うこともできます（図8-12）。

日本が水素社会の実現を目指す理由

日本は、水素社会の実現に向けて特に注力している国です。日本はエネルギー資源が乏しいゆえに、消費する化石燃料のほとんどを輸入に頼っており、エネルギー自給率が低い国です。

このため、先述した電力網全体の送電効率を高めるスマートグリッドと、再生可能エネルギーを有効に使える水素社会を実現し、エネルギー自給率を高めようとしています。

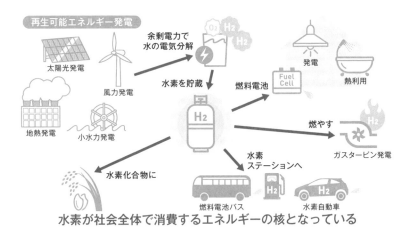

図8-11　水素社会の概念図

再生可能エネルギー発電

太陽光発電
風力発電
地熱発電
小水力発電

余剰電力で水の電気分解
水素を貯蔵
水素化合物に
水素ステーションへ

燃料電池
発電
熱利用
燃やす
ガスタービン発電

燃料電池バス
水素自動車

水素が社会全体で消費するエネルギーの核となっている

出典：NPO法人 R水素ネットワーク（URL：https://www.tel.co.jp/museum/magazine/natural_
energy/161130_crosstalk02/03.html）をもとに作成

図8-12　水素と自動車の関係

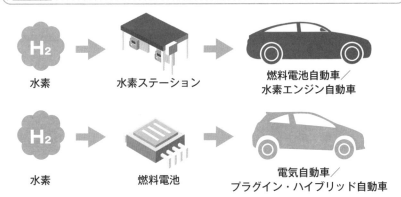

水素　水素ステーション　燃料電池自動車／水素エンジン自動車

水素　燃料電池　電気自動車／プラグイン・ハイブリッド自動車

水素は燃料電池自動車の燃料になるだけでなく、
電気自動車やプラグイン・ハイブリッド自動車の充電に使う電力を
燃料電池で発電するのに使うことができる

Point

🖋 水素社会は、水素を燃料として活用する社会システムである
🖋 水素社会では、再生可能エネルギーを効率よく使うことができる
🖋 日本はエネルギー自給率向上のため、水素社会の実現を目指している

》 駆動用バッテリーの リユースとリサイクル

駆動用バッテリーの処理

電気自動車を「エコカー」と呼ぶには、その部品たちを適切な方法で処理し、環境に負荷をかける物質を取り除いて廃棄するシステムを構築しなければなりません。本節では、電気自動車の部品の中でも特に高価で、入手が難しいレアメタル（希少金属）を含む駆動用バッテリーのリユースや、材料のリサイクルについて説明します。

駆動用バッテリーをリユースする

電気自動車の駆動用バッテリーは、おおむね10年で交換時期を迎えます。ただし、**交換時に発生した古い駆動用バッテリーは、残りの性能に応じてリユース（再利用）できます**（図8-13）。性能が高いものはフォークリフトのような他の乗り物に使えますし、性能が低いものは工場などの定置型電池として利用できます。

材料をリサイクルする

リユースによって性能が下がった駆動用バッテリーは解体され、一部の材料がリサイクルされます。リチウムイオン電池は産出国が偏在しており、資源リスクが高い**リチウムやコバルト、ニッケルなどのレアメタルが使われているので、それらを回収して新しいバッテリーに利用**するのです（図8-14）。

ここまで紹介したリユースやリサイクルは、自動車メーカーのグループ企業が実施しています。特に電気自動車の普及に伴い材料費が高騰しているレアメタルの回収については、日本や欧州の企業が中心となって進められており、世界に広がりつつあります。

図8-13　駆動用バッテリーのリユース

EV電池のリユース事例が増えている

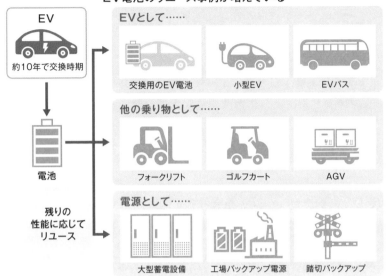

出典：日本経済新聞社「EV電池『第2の人生』に商機　リサイクルまとめ読み」2021年12月31日
（URL：https://www.nikkei.com/article/DGXZQOUC237WH0T21C21A2000000/）をもとに作成

図8-14　リチウムイオン電池で使われている主なレアメタルと産出国の割合

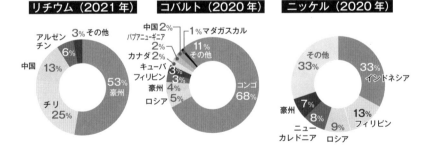

これらを回収するリサイクル体制の整備は、
世界の多くの国で進められている

Point

🖊 駆動用バッテリーのリユースやリサイクルを進める動きがある

🖊 交換した駆動用バッテリーは、別の用途でリユースされる

🖊 解体後にレアメタルを取り出すリサイクル体制の整備が進められている

やってみよう

世界各国の電源構成を調べてみよう

国で異なる電源構成

　PCやスマートフォンを使って、**8-2**で紹介した電源構成を調べてみましょう。きっと国によって電源構成が大きく異なることに気づくでしょう。例えば日本は、先述したように火力発電は8割近くを占めているのに対して、フランスでは約7割を原子力発電、ノルウェーは約9割を水力発電が占めています（下図）。

　このような電源構成は、電気自動車の普及に大きく関係してきます。つまり、CO_2の排出量が少ない発電方式が電源構成の大部分を占める国では、環境対策を理由にして電気自動車の普及を推進させることができます。その点日本は火力発電の割合が高いので、電気自動車が「エコ」であるとは言い切れず、国が積極的に普及を推進しにくい状況にあります。

　このように世界各国の電源構成を調べてみると、それぞれの国のエネルギー事情が大きく異なることがわかり、電気自動車の普及状況とも密接な関係があることに気づくでしょう。

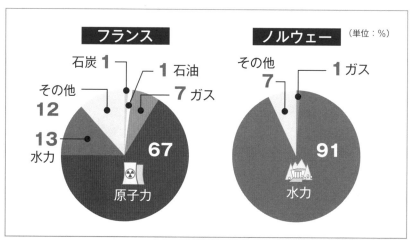

フランスとノルウェーの電源構成
出典：一般社団法人 海外電力調査会「各国の電気事業（主要国）」
　　（URL：https://www.jepic.or.jp/data/w04frns.html〈フランス〉、
　　　　　https://www.jepic.or.jp/data/w07nrwy.html〈ノルウェー〉）をもとに作成

第**9**章

これからの電気自動車

～未来への展望～

》電気自動車の進化①　駆動用バッテリー

次世代の電気自動車を支える二次電池

現在の電気自動車では、駆動用バッテリーとしてリチウムイオン電池が使われています。その一方で、**このリチウムイオン電池に代わる革新的な二次電池の開発が進められています**。ここではその代表例を紹介します。

全固体電池とは？

全固体電池は、リチウムイオン電池の電解液を、イオン伝導度が高い固体電解質に置き換えた二次電池です（図9-1）。リチウムイオン電池と比べると安全性が高いだけでなく、**エネルギー密度が高く、大容量化が容易である**という特徴があります。

フッ化物電池と亜鉛負極電池

フッ化物電池と亜鉛負極電池は、リチウムなどのレアメタルを使用せず、全固体電池以上の性能向上や生産コストの低下を目指した二次電池です（図9-2）。現在日本では、新エネルギー・産業技術開発機構（NEDO）が中心になってこれらの二次電池の研究を進めています。

いつ車載電池として実現する？

本節で紹介した革新的な二次電池は、エネルギー密度が高く、大容量化が容易であり、電動自動車の安全性向上や航続距離の延長を実現する技術として期待されています。ただし、**コスト低減などの技術的課題がある**ため、車載電池として実用化されるまでには数十年程度の長い開発期間が必要です。

| 図9-1 | 全固体電池の原理 |

従来のリチウムイオン電池

負極活物質
集電体
電解液
正極活物質
集電体

Li^+

負極　セパレータ　正極

全固体リチウムイオン電池

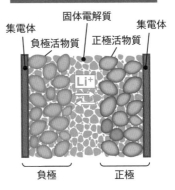

集電体
固体電解質
負極活物質
正極活物質
集電体

Li^+

負極　　　　正極

● リチウムイオン電池の電解液を固体電解質にした構造になっている
● 充電・放電時は、リチウムイオンが正極と負極の間を移動する

| 図9-2 | フッ化物電池と亜鉛負極電池の原理 |

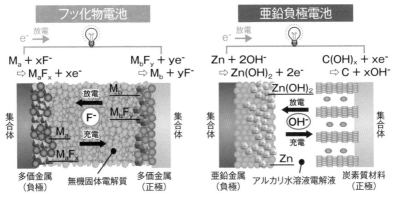

フッ化物電池

e^-　放電 →

$M_a + xF^-$
$\Rightarrow M_aF_x + xe^-$

$M_bF_y + ye^-$
$\Rightarrow M_b + yF^-$

M_b
放電
M_bF_y
F^-
M_a
充電
M_aF_x

集合体

多価金属（負極）　無機固体電解質　多価金属（正極）

亜鉛負極電池

e^-　放電 →

$Zn + 2OH^-$
$\Rightarrow Zn(OH)_2 + 2e^-$

$C(OH)_x + xe^-$
$\Rightarrow C + xOH^-$

$Zn(OH)_2$
放電
OH^-
充電
Zn

集合体

亜鉛金属（負極）　アルカリ水溶液電解液　炭素質材料（正極）

フッ化物電池ではフッ素イオン（F^-）、亜鉛負極電池では
水酸化物イオン（OH^-）が正極と負極の間を移動する

Point

🖊 電気自動車の性能向上を実現する革新的な二次電池が開発されている
🖊 革新的な二次電池はエネルギー密度が高く、大容量化が容易である
🖊 実用化の大きなネックはコスト低減などの技術的課題である

電気自動車の進化②
「曲がる」動き

インホイールモーターで実現する新しい動き

　4輪自動車の各車輪に、**3-2**や**5-8**で紹介したインホイールモーターを導入すると、**従来の自動車ではできなかった「曲がる」動きをさせることができます**。ここではその例として、「PIVO 2」と、4輪独立モーター走行システムを紹介します。

新しい動きを提案した「PIVO 2」

　「PIVO 2」は、日産が2007年に発表した電気自動車のコンセプトカーです。このクルマは、インホイールモーターとステア・バイ・ワイヤ（電気信号で車輪の舵を切る）技術を組み合わせることで、**従来の自動車ができなかった新たな動きを提案しました**（図9-3）。例えば、「PIVO 2」は各車輪を真横に向けることで、従来よりも容易に縦列駐車をすることもできます。

4輪独立モーター走行システム

　4輪独立モーター走行システムは、インホイールモーターを使って4つの車輪の駆動力を個別に制御するシステムです（図9-4）。

　このシステムを導入すると、左右の車輪の滑りやすさの偏りが低減されるので、**カーブでの走行の安定性が増し、スムーズに走行できます**。例えばドライバーが左にステアリング（ハンドル）を切ると、前輪の角度が変わるだけでなく、カーブ外側（右側）の車輪の駆動力が自動的に増え、コーナリングをサポートします。このことによって、車輪の角度を変えるだけでは不可能だった俊敏な旋回ができるようになり、カーブを安定して走行できるようになります。

図9-3 「PIVO 2」の動き

縦列駐車時	横に寄る	旋回走行時

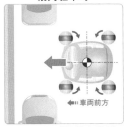 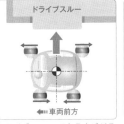 

前進するように縦列駐車が可能 | ドライブスルーで商品を受け取る際、手を伸ばさなくてもOK | 重心を内側に移動し、4輪に均等な力をかけることで、安定して旋回

図9-4 4輪独立モーター走行システムを用いて曲がる技術

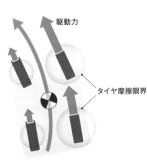

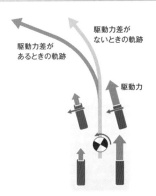

ⓐ 旋回時は荷重が外輪に偏るため、内輪のタイヤ摩擦限界は外輪に比べて小さくなる。外輪の駆動力配分を大きくすることで、4輪が等しくスリップしにくい状況を作り出すことができる。

ⓑ 旋回開始時は、外輪の駆動力を一時的に大きくすることでヨーモーメントを増加させれば、旋回過渡挙動を俊敏にすることができる。

カーブ外側の車輪の駆動力を増やすことで、車輪の角度を変えるだけでは不可能な俊敏な旋回ができる

※ヨーモーメント：自動車の重心を通る鉛直軸の周囲に働くモーメント

出典：廣田幸嗣・足立修一編著、出口欣高・小笠原悟司著『電気自動車の制御システム』（東京電機大学出版局）の図4.19をもとに作成

Point

✎ インホイールモーターを使うと、自動車の新しい動きを実現できる
✎ 日産の「PIVO 2」は、電気自動車の新しい動きを提案した
✎ 4輪独立モーター走行システムは、カーブでの安定走行を実現する

第**9**章　電気自動車の進化②　「曲がる」動き

EVシフトと課題①
充電インフラと電力の不足

懸念される充電インフラの電力不足

　近年は、環境やエネルギー問題への関心の高まりによって、ヨーロッパや中国、アメリカを中心に急激なEVシフト（ガソリン自動車から電気自動車への転換）が加速しています。ガソリン自動車に対する規制が強化された影響で、電気自動車の販売台数や保有台数が急増しているのです（図9-5）。

　しかし、**こうした急激なEVシフトが別の問題を引き起こすのではないかと懸念されています。**その代表例が、充電インフラの不足と電力不足です。

　充電インフラ不足は、充電のために多くの電気自動車が待機することで、渋滞が発生する原因になるとして懸念されています。電気自動車の充電には、急速充電であっても1回30分（CHAdeMOの場合）の時間がかかり、その分充電インフラをふさいでしまうからです（図9-6）。

　電力不足は、電気自動車の増加に伴う電力需要の増加によって発生すると懸念されています。これを解消するために、発電所を増やして電力の供給量を増やす必要があるという意見もあります。

求められる充電機会の分散化

　日本では、ヨーロッパや中国、アメリカほどEVシフトが進んでいません。ただもし日本でもそれを進めるのであれば、海外の事例を見ながら、充電インフラと電力の不足を回避するための対策をする必要があります。

　その対策の代表例が、**充電のタイミングを分散させること**です。単純に急速充電器の数を増やすだけでなく、普通充電器を改良して、電力需要が低下する深夜に限定して充電できるようにする、もしくは電力需要が高まる時間帯に急速充電の料金を上げる。こうした工夫ができれば、日本での充電インフラの不足や電力不足の問題を回避できるという意見もあります。

図9-5 **世界の電気自動車の販売台数と保有台数の推移**

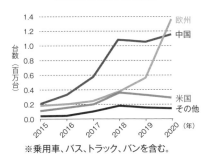

世界のEV販売台数

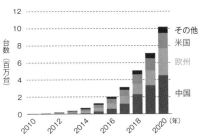

世界のEV保有台数
（乗用車、100万台）

※乗用車、バス、トラック、バンを含む。

パリ協定が発効された2016年以降にヨーロッパ（欧州）や中国で急増している

出典：IEA「Global EV Outlook 2021」（URL：https://www.iea.org/reports/global-ev-outlook-2021）

図9-6 **中国・重慶市の充電スタンド**

電気自動車の充電には時間がかかるので、充電スタンドを
長時間ふさいでしまうことがある

（写真：アフロ）

Point

- 急激なEVシフトでさまざまな問題が生じると懸念されている
- その代表例が充電インフラの不足と電力不足である
- これらの問題は充電機会の分散化などで回避できるという意見もある

» EVシフトと課題②
自動車産業への影響

自動車産業が受けるダメージ

　急激なEVシフトが進むと、**既存の自動車産業が衰退し、多くの雇用が失われる**と懸念する声があります。なぜならば、電気自動車はガソリン自動車よりも部品点数が少なく、生産における技術的な障壁が低いため、自動車産業に新規参入する企業が増え、既存の自動車メーカーや部品メーカーが大きな打撃を受けると考えられるからです。

　特に日本では、EVシフトによって国内産業が大きな影響を受けると考えられています。日本にとって自動車産業は、国全体の就業人口の1割近く、そして製造品出荷額の2割近くを占めるほどの基幹産業であり、大きな雇用の受け皿と、製造業における稼ぎ頭になっているからです（図9-7）。

なぜトヨタは水素エンジン自動車を開発したのか?

　そこでトヨタは、従来実現が難しいとされた水素エンジン自動車を開発し、その実用化を目指すようになりました（図9-8）。なぜならば、水素エンジン自動車は、水素を燃料とする水素エンジンで駆動し、走行中にCO_2を排出しない自動車だからです。

　自動車の電動化が進む中、トヨタがあえてエンジンがある自動車を開発した理由は、主に2つあります。1つ目は、他国が容易に模倣できなかったガソリンエンジンの技術を応用できること、2つ目は、エンジンが約1万点の部品で構成された動力装置であり、多くの部品メーカーによって支えられていることです。つまり、**日本の自動車メーカーの大きな強みであるエンジン技術と、部品メーカーの雇用をそれぞれ守れる**ので、トヨタはモーターで駆動する電動自動車の開発を続けながら、水素エンジン自動車の開発に踏み切ったのです。

図9-7 **自動車産業が日本全体の就業人口と製造出荷額に占める割合**

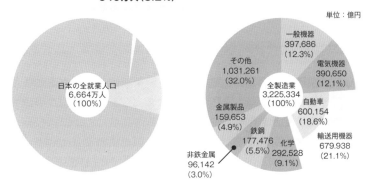

日本にとって自動車産業は基幹産業であり、
大きな雇用の受け皿と製造業における稼ぎ頭になっている

出典：一般社団法人 日本自動車工業会「日本の自動車工業2021」（URL：https://www.jama.or.jp/
library/publish/mioj/ebook/2021/MIoJ2021_j.pdf）をもとに作成

図9-8 **トヨタが開発した水素エンジン自動車**

2021年5月に富士スピードウェイで行われた
24時間耐久レースで走行した

（写真：毎日新聞社／アフロ）

Point

📝 EVシフトが進むと、日本の自動車産業が衰退する恐れがある

📝 日本にとって自動車産業は基幹産業である

📝 水素エンジン自動車を開発し、雇用を守ろうとする動きがある

» モビリティ革命への対応

100年に一度の革命

　現在は、100年に一度といわれるモビリティ革命が起きようとしています。かつてアメリカで廉価なガソリン自動車（フォードT型）の販売が開始され、馬車の多くが自動車に置き換えられたときのように、交通全体で大きな変化が起き、社会における自動車の役割が変わろうとしているのです。

　具体的にいうと、今や自動車は、PCやスマートフォンのようにインターネットと常時接続して情報のやりとりをしながら（図9-9）、安全性向上のために運転操作を自動化するものへと変化することが求められています。また、近年のシェアリングエコノミーの流れを受けて、クルマは個人が所有するものから複数人でシェアするものへと徐々に変化し、カーシェアリング（図9-10）やライドシェアというシェアリングサービスが広がりつつあります。さらに環境に配慮し、脱炭素社会を実現するために、ガソリン自動車に対する規制が厳しくなったので、自動車の電動化やEVシフトが加速しました。その上、ITやスマートフォンの発達によって公共交通の利便性が向上し、社会における自動車の役割が変わりつつあります。

　このため、世界の自動車業界は、**このようなニーズに応えるためにITや鉄道などの公共交通との連携を強化しながら、生き残ることが求められています**。なぜならば、自動車メーカーが単独で自動車を開発・製造し、販売するというビジネスモデルが崩れつつあるからです。

「CASE」と「MaaS」

　このような自動車業界に求められる変化を示すキーワードには、「CASE（ケース）」と「MaaS（マース）」があります。次節からは、それぞれの言葉の意味と、電気自動車との関係について説明します。

図9-9　インターネットと常時接続する自動車の例（トヨタのコネクティッドカー）

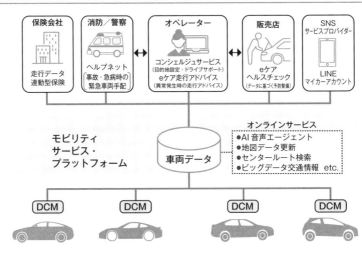

車両データがオンラインで共有できる

出典：トヨタ自動車プレスリリース「トヨタ自動車、コネクティッドカーの本格展開を開始」
（URL：https://global.toyota/jp/newsroom/corporate/23157743.html）をもとに作成

図9-10　自動車を共有するカーシェアリングサービスの例

自動車の維持費を削減するため、国内でも利用者が増えつつある

Point

∥ 100年に一度といわれるモビリティ革命が起きようとしている

∥ 自動車業界はこの革命に対応することが求められている

∥ 自動車業界の変化を示す言葉として「CASE」と「MaaS」がある

≫ 自動車業界が目指す「CASE」

「CASE」とは何か?

「CASE」は、近年の自動車業界が目指す目標を示す言葉です。もともとは、ドイツのダイムラー（現在のメルセデス・ベンツ・グループ）が2016年にパリで開催されたモーターショーで発表した**中長期の経営ヴィジョン**であり、「Connected（ネット接続）」「Autonomous（自動運転）」「Shared & Services（シェアとサービス）」「Electric（電動化）」の頭文字をつなげた言葉でした（図9-11）。ただ、この言葉は近年の自動車業界全体の動きと合致していたため、**多くの自動車メーカーが今後の自動車開発の方向性を示す目標として「CASE」という言葉を使うようになりました。**

電気自動車と「CASE」

電気自動車は、この「CASE」を実現するうえで好都合な条件がそろっています。電気自動車は駆動を完全に「電動化」しており、指令に対してモーターがエンジンよりも忠実かつ瞬時に応答するので、「自動運転」との相性がよいです。また、「電動化」によって車両データが収集しやすいので、「ネット接続」による恩恵を受けやすいです。さらに、インターネットとつながることで、電気自動車はIoT端末となり、「自動運転」に必要な交通情報や地図情報を収集できるようになるだけでなく、スマートフォンとの通信が可能になることで、カーシェアリングやライドシェアリングといったサービスを提供しやすくなります。

なお、「自動運転」には5つの段階があります（図9-12）。このうち、ドライバーが運転操作をしない「完全自動運転」を実現するには、自動車の自動運転支援システムを高度化するだけでなく、「ネット接続」による交通情報の収集などが必要となります。

図9-11 **ダイムラー発表した経営ヴィジョン「CASE」**

Connected
ネット接続

Autonomous
自動運転

Shared & Services
シェアとサービス

Electric
電動化

現在は世界の自動車業界が
自動車開発の方向性を示す言葉として使っている

図9-12　**自動車の自動運転の段階**

レベル	自動運転レベルの概要	運転操作※の主体	対応する車両の名称
レベル1	アクセル・ブレーキ操作またはハンドル操作のどちらかが、部分的に自動化された状態	運転者	運転支援車
レベル2	アクセル・ブレーキ操作およびハンドル操作の両方が、部分的に自動化された状態	運転者	
レベル3	特定の走行環境条件を満たす限定された領域において、自動運行装置が運転操作の全部を代替する状態。ただし、自動運行装置の作動中、自動運行装置が正常に作動しない恐れがある場合には、運転操作を促す警報が発せられるので、適切に応答しなければならない	自動運行装置（自動運行装置の作動が困難な場合は運転者）	条件付自動運転車（限定領域）
レベル4	特定の走行環境条件を満たす限定された領域において、自動運行装置が運転操作の全部を代替する状態	自動運行装置	自動運転車（限定領域）
レベル5	自動運行装置が運転操作の全部を代替する状態	自動運行装置	完全自動運転車

※ 車両の操縦のために必要な、認知、予測、判断および操作の行為を行うこと

出典：国土交通省「自動運転車両の呼称」
　　　（URL：https://www.mlit.go.jp/report/press/content/001377364.pdf）をもとに作成

Point

📝 ダイムラーが中長期の経営ヴィジョンとして「CASE」を発表した
📝 現在は自動車業界全体が「CASE」という言葉を多用している
📝 電気自動車は「CASE」を実現するうえで好都合な条件がそろっている

» 公共交通との共生と「MaaS」

「MaaS」と交通変革

　近年自動車業界では、先述した「CASE」とともに「MaaS（マース）」という言葉がよく使われるようになりました。「MaaS」は、Mobility as a Serviceの略称であり、直訳すると「サービスとしての移動」となります。世界全体における明確な定義はありませんが、国土交通省は「移動ニーズに対応して、複数の公共交通や他のサービスを組み合わせて検索・予約・決済などを一括で行うサービス」と説明しています（図9-13）。

　スマートフォンを用いる「MaaS」の導入は、フィンランドのヘルシンキで2016年に始まったのを機に世界に広がり、日本でも社会実験を含めて導入が進められるようになりました。**当初の概念は、公共交通の利便性向上**と、中心地におけるマイカー規制でした。

転換を求められた自動車産業

　「MaaS」の広がりは、自動車業界にとっては脅威になりました。公共交通の利便性が高まることでマイカーの利用者が減ると、自動車の販売台数が減り、自動車関連の雇用を守ることが難しくなってしまうからです。

　そこで**多くの自動車メーカーは、自ら「MaaS」に参入し、**公共交通との共生を図るようになりました。例えば日本のトヨタは、2018年に「e-Palette Concept（イーパレットコンセプト）」と呼ばれる自動運転専用の電気自動車を発表しました（図9-14）。これは自動運転車と「MaaS」の融合を目指したコンセプトカーでした。

　また、トヨタは同年にIT企業であるソフトバンクと提携して共同出資会社「MONET Technologies（モネテクノロジーズ）」を設立し、IoTと連携したオンデマンドモビリティサービスの普及を目指すようになりました。同社は、これからは「自動車をつくる会社」から「モビリティ・カンパニー」になると宣言しています。

| 図9-13 | 「MaaS」の概念 |

各種交通機関の検索・予約・決済などを一括で行うサービスを導入し、
地域が抱える課題を解決することを目的としている

出典：国土交通省「日本版MaaSの推進」（URL：https://www.mlit.go.jp/sogoseisaku/japanmaas/
promotion/index.html）をもとに作成

| 図9-14 | トヨタの自動運転専用の電気自動車「e-Palette Concept」 |

（写真提供：トヨタ自動車）

Point

✎ 「MaaS」の当初の観念は、公共交通の利便性向上とマイカー規制だった

✎ 「MaaS」の広がりは、自動車業界の脅威になった

✎ 近年は自動車メーカーが「MaaS」に参入するようになった

やってみよう

　日本は世界屈指の自動車大国である反面、EVシフトは他国よりも遅れている国でもあります。日本自動車販売協会連合会が公表するデータによれば、2023年3月における電気自動車（EV）の販売台数は5,149台で、乗用車全体の総販売台数のわずか1.6%に過ぎません。

　なぜ日本では電気自動車が売れないのでしょうか。その理由は一言では説明できません。なぜならば、複数の要因が絡んでいるからです。主な要因としては、車両価格が高く、補助金を含めても割高感があることや、充電インフラがガソリンスタンドよりも少なく、利便性に欠けることなどが挙げられますが、他にも日本ならではの要因がありそうです。

　ぜひ本書を最後まで読んだことを機に、日本で電気自動車が売れない理由を考えてみましょう。また、そもそも日本で電気自動車が普及することが、本当に「エコ」だといえるのか改めて考えてみましょう。

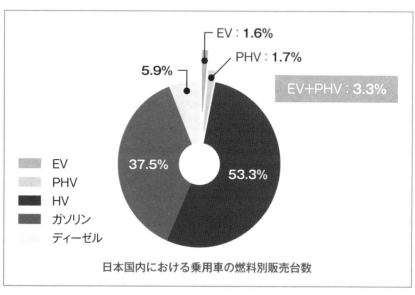

日本国内における乗用車の燃料別販売台数

出典：一般社団法人 日本自動車販売協会連合会「燃料別販売台数（乗用車）」2023年3月のデータ
（URL：http://www.jada.or.jp/data/month/m-fuel-hanbai/）より作成

用語集

数字・アルファベット

4輪独立モーター走行システム （➡9-2）
インホイールモーターを使って4つの車輪の駆動力を個別に制御するシステム。カーブの走行安定性を高めるのに使われる。

BEV （➡2-2）
Battery Electric Vehicleの略。搭載した駆動用バッテリーから供給される電気だけで駆動する電動自動車。狭義の電気自動車で、「バッテリーEV」とも呼ばれる。

CASE （➡9-5・9-6）
「Connected（ネット接続）」「Autonomous（自動運転）」「Share & Services（シェアとサービス）」「Electric（電動化）」の頭文字を取った言葉。近年の自動車業界が目指す目標を示す言葉として使われている。

CHAdeMO （➡1-11・7-4）
日本が開発した急速充電の規格。CHAdeMO（チャデモ）はCHArge de MOve（動くための充電）の略。

CO₂ （➡3-9）
二酸化炭素。近年は地球温暖化の原因となる物質の1つとして問題視されている。

COMBO （➡7-4）
欧州生まれの電気自動車の充電規格。正式名称はCombined Charging System。

eHighway （➡7-5）
ドイツのシーメンスが開発したトラック輸送システム。専用道ではトラックに搭載されたパンタグラフが道路上に張られた架線に接触し、外部から電力の供給を受けて走る。

EV （➡1-1）
Electric Vehicleの略。モーターで駆動する電気自動車。狭義と広義がある。

EVシフト （➡9-3・9-4）
ガソリン自動車を電気自動車に転換する動き。現在はヨーロッパや中国、アメリカなどで加速している。

FCV（FCEV） （➡2-2）
Fuel Cell Vehicle (Fuel Cell Electric Vehicle) の略。燃料電池自動車。発電装置として燃料電池を搭載した電気自動車。

GB/T （➡7-4）
中国の電気自動車の充電規格。GBは「国家標準」を意味する中国語の読み（Guojia Biaozhun）の略。

HEMS （➡7-7）
Home Energy Management Systemの略。家庭のエネルギー消費を最適化するシステム。

HV（HEV） （➡2-2）
Hybrid Vehicle (Hybrid Electric Vehicle) の略。ハイブリッド自動車。エンジンとモーターの両方で駆動する自動車。

LCA （➡8-3）
Life Cycle Assessmentの略。自動車の製造から廃棄までのライフサイクルでの環境負荷を定量的に評価する指標。

LIB （➡4-6）
リチウムイオン電池のこと。Lithium-Ion Batteryの略。

MaaS （➡9-5・9-7）
Mobility as a Serviceの略。移動のニーズに対応して、複数の公共交通や他のサービスを組み合わせて検索・予約・決済などを一括で行うサービス（国土交通省の定義）。

Ni-MH （➡4-5）
ニッケル水素電池のこと。Nickel Metal Hydrideの略。

PHV（PHEV） （➡2-2）
Plug-in Hybrid Vehicle (Plug-in Hybrid Electric Vehicle) の略。プラグイン・ハイブリッド自動車。外部電源による充電を可能にしたハイブリッド自動車。

PWM制御 （➡6-3）
パルスの幅を変化させることで出力される電圧の平均値を変える制御。PWMはPulse Width Modulation（パルス幅変調）の略。

SDGs （➡3-9）
Sustainable Development Goalsの略。持続可能な社会を実現するために国連サミットで採択された国際目標。

Si-IGBT （➡6-5）
Si（ケイ素）を材料とするIGBT（絶縁ゲート型バイポーラトランジスタ）。電気自動車のパワーコントロールのパワー半導体として使われている。

SiC-MOSFET （➡6-5）
SiC（炭化ケイ素）を材料とするMOSFET（金属酸化膜半導体電界効果トランジスタ）。Si-IGBTに代わるパワー半導体として注目されている。

V2G （➡7-7）
Vehicle to Gridの略。電気自動車と広範囲の電力系統を接続し、再生可能エネルギーから得られる電力を効率よく使うためのシステム。

V2H （➡7-7）
Vehicle to Homeの略。電気自動車と家庭の電力系統を接続し、家庭での電力消費を最適化するシステム。

Well to Wheel （➡8-3）
石油などの一次エネルギー源の採掘から車両走行に至るまでの環境負荷を定量的に評価する指標。

xEV （➡2-2）
モーターで駆動する自動車（電動自動車）の総称。EVやHV、PHV、FCVがこれに該当する。

ZEV （➡2-11・3-5・8-1）
Zero Emission Vehicle（無公害車）の略。大気汚染物質や温暖化効果ガスを排出しない自動車。

ZEV規制 （➡3-5）
1990年にアメリカのカリフォルニア州で制定された法律。ガソリン自動車を減らすために、各自動車メーカーの販売台数の一定の割合をZEV（Zero Emission Vehicle：無公害車）にすることを義務づけた。

あ行

亜鉛負極電池 （➡9-1）
負極が亜鉛金属で、正極と負極の間を水酸化物イオンが移動する二次電池。リチウムイオン電池に代わる革新的二次電池として期待されている。

安全弁 （➡4-6）
電池の破裂を防ぐ弁。内部で異常な化学反応が進行し、内圧が上がると、ここが開いて気体を外部に放出する。

一次電池　（→4-1）
化学電池の一種。不可逆な電気化学反応が進行して放電するので、充電ができない。代表例として、使い捨ての乾電池として知られるマンガン電池やアルカリ電池がある。

インバータ　（→6-2・6-7）
直流を交流に変換する変換器。交流モーターの制御に使われる。

インホイールモーター　（→3-2・5-8・9-2）
車輪に内蔵したモーター。各モーターが各車輪を直接駆動できるので、各車輪の回転をそれぞれ別々に制御できる。

永久磁石同期モーター　（→5-7）
同期モーターの一種で、回転子に強力な磁力を発生させる永久磁石が配置してある。三相かご形誘導モーターよりも効率が高く、小型軽量化が容易であるため、多くの電動自動車の駆動用モーターとして使われている。

エコカー　（→1-1・8-1）
環境（エコロジー）に配慮した自動車。モーターで駆動する電動自動車を指すことが多い。

エンジンブレーキ　（→2-4）
ガソリン自動車やディーゼル自動車などエンジンで駆動する自動車で使われるブレーキ。車輪によってエンジンを回すことでブレーキ力を得る。

か行

カーシェアリングサービス　（→2-12）
登録した会員で自動車を共同で使用するサービス。レンタカーよりも短い時間での利用が可能。

カーボンニュートラル　（→3-9）
CO_2の排出量と吸収量を均衡させて、排出全体を実質ゼロにする取り組み。

界磁弱め制御　（→6-7）
モーターの制御方式の1つ。高速域でトルクを低下させて、回転速度を上げる。

回生協調ブレーキ　（→6-9）
回生ブレーキと油圧ブレーキを協調させるブレーキ。回生ブレーキを優先的に使いながら、油圧ブレーキでサポートすることで、両者をあわせた総合ブレーキ力を大きくする。

回生ブレーキ　（→1-6・2-4・6-8）
モーターを使うブレーキ。モーターが発電した電力を消費することでブレーキ力を得る。

回転子　（→5-1）
モーターの回転する部分。「ローター」とも呼ばれる。

回転磁界　（→5-5・5-6）
回転する磁界。交流モーターでは固定子の界磁コイルを使って発生させる。

化学電池　（→4-1）
内部の化学反応によって電気エネルギーを取り出す装置。一次電池と二次電池がある。

過充電・過放電　（→4-4）
通常の充電や放電を終えても充電や放電を続けた状態。バッテリーが劣化する原因になる。

可変電圧可変周波数制御　（→6-4）
インバータがスイッチング周期とデューティ比を変えることで出力する三相交流の電圧と周波数を変化させ、モーターの回転速度や出力（トルク）を変える制御方式。Variable Voltage Variable Frequencyを略してVVVF制御とも呼ばれる。

急速充電　（→1-8・7-2）
普通充電よりも短い時間で充電する充電方式。駆動用バッテリーに負荷がかかりやすい。

駆動用バッテリー　（→1-1・4-3）
電動自動車の駆動のために使用するバッテリー。エネルギー密度が高く、大容量の二次電池が使われる。

駆動用モーター　（→5-2）
車輪の駆動に使うモーター。電動自動車では交流モーターの一種である永久磁石同期モーターや誘導モーターがよく使われている。

クリープ現象　（→1-3）
AT車で見られる現象。パーキングブレーキを解除し、ブレーキペダルから足を離すと、エンジンがアイドリングの状態のまま車両が低速で動く。

グリーン電力　（→8-4・8-5）
再生可能エネルギーで発電した電力。

合成磁界　（→5-5）
複数の磁界を合成した磁界を指す。

航続距離　（→1-7・2-3・2-9・2-10）
1回のエネルギー補給で走行できる距離。

交流モーター　（→5-3・5-5）
交流で動くモーター。直流モーターにある整流子やブラシがないので、保守が容易である。

コーナリング　（→1-5）
自動車が道路の角で曲がる動作、またはカーブを曲がるときの旋回運動を指す。

固体高分子形燃料電池　（→3-6・4-7）
イオン伝導性を持つ高分子膜（イオン交換膜）を電解質として用いる燃料電池。現在、量産型燃料電池自動車で使われている。

固体高分子膜　（→4-7）
燃料電池で使われる高分子製の薄いフィルム。湿らせると水素イオンを通す性質がある。

固定子　（→5-1）
モーターの回転しない部分。「ステーター」とも呼ばれる。

コンバータ　（→6-2）
変換器全般を指す。交流を直流に変換するものは「AC-DCコンバータ」と呼ばれ、電動自動車では回生ブレーキを使用するときに使われる。

さ行

再生可能エネルギー　（→8-2・8-4・8-5）
太陽光や風力、地熱といった地球資源の一部など自然界に常に存在するエネルギー。「枯渇しない」「どこにでも存在する」「CO_2を排出しない（増加させない）」が大きな特徴。

サイン波　（→6-4）
正弦関数で示すことができる波動で、周期的に変化する滑らかな曲線で示される。「正弦波」とも呼ばれる。

三相かご形誘導モーター　（→5-6）
誘導モーターの一種。三相交流の電圧を界磁コイルに印加すると、かご形の導体がある回転子が回転磁界よりもわずかに遅く回転する。直流モーターよりも小型軽量化や保守が容易であるため、近年製造された電車で多用されている。電動自動車での採用例は少ないが、アメリカのテスラが開発した電気自動車には、三相かご形誘導モーターを採用した例がある。

三相交流　（→5-3）
3本の電線で伝送される交流。その電圧の時間変化は、位相が120度ずつズレた3本の正弦波で示される。

自動運転　（→9-6）
運転操作を自動化すること。5つの段階がある。

車載電池　（→4-2）
自動車に搭載する電池。狭い空間に収納し、走行時の振動や衝撃に耐える必要があるので制約が多い。

車両接近通報装置　（→1-4）
歩行者などに自動車の接近を知らせるため、低速走行時に音を発生する装置。

充電インフラ （➡7-1）
電気自動車などに搭載した駆動用バッテリーを充電するインフラ。代表例に充電スタンドがある。

充電スタンド （➡1-8・7-2）
電気自動車の充電を行うためのインフラの一種。

充電率 （➡4-10）
充電状態を示す指標。電池の容量と相対的な充電レベル。

充放電 （➡4-10）
電池の充電と放電の両方を指す言葉。

シリーズ方式 （➡2-5・2-6・3-2）
ハイブリッド自動車の動力伝達方式の一種。エンジンとモーターが直列で並び、エンジンは発電のみに使われる。

シリーズ・パラレル方式 （➡2-5・2-7）
ハイブリッド自動車の動力伝達方式の一種。状況に応じて動力伝達モードを切り替えるため、シリーズ方式とパラレル方式の両方の長所を活かせる。

磁励音 （➡6-5）
交流が流れるモーターや変圧器などで発生する音。電動自動車が加速・減速するときに聞かれる「ヒューン」という音で、近年は改良によって聞こえにくくなっている。

水素エンジン自動車 （➡9-4）
水素を燃料とするエンジンの力で駆動する自動車。トヨタが自動車産業の雇用を守る試みの1つとして開発した。

水素社会 （➡7-9・8-6）
水素を主なエネルギー源として活用する社会。

水素充填インフラ （➡7-1）
燃料電池自動車などに搭載した水素タンクに圧縮水素を充填するインフラ。代表例に水素ステーションがある。

水素ステーション （➡2-11・7-8）
燃料電池自動車などに水素を補給するインフラ。定められた土地に設置した「定置式」と、トレーラーとともに移動する「移動式」がある。

スーパーチャージャー （➡7-4）
テスラが保有し運営している電気自動車の急速充電規格。

ステア・バイ・ワイヤ （➡9-2）
電気信号で車輪の向きを変え、舵を切る技術。

スプリット方式 （➡2-7・2-8）
シリーズ・パラレル方式の一種で、動力分割装置を使う。トヨタのハイブリッド自動車では、遊星歯車を用いたスプリット方式が採用されている。

スマートグリッド （➡7-7・8-5）
ITでリアルタイムなエネルギー需要を把握しつつ、各発電設備から効率よく送電するしくみ。

制御回路 （➡6-2）
モーターの制御に関わる電気回路。電気自動車においては、入力される運転指令（ドライバーが操作するアクセルペダルやブレーキペダルなどから送られる信号）や、検出した電圧や電流、速度、位置に応じてゲート信号をインバータに出力する。

整流子 （➡5-1・5-4）
モーターや発電機にある回転スイッチ。回転子のコイルに流れる電流の向きを切り替える。

セパレータ （➡4-4）
電池の内部にある重要な部品の1つ。正極と負極の間にあり、特定のイオンを通し、正極と負極が接触する内部短絡を防ぐ役割がある。

全固体電池 （➡9-1）
リチウムイオン電池の電解液を、イオン伝導度が高い固体電解質に置き換えた二次電池。リチウムイオン電池よりも安全性とエネルギー密度が高く、大容量化が容易であることから、革新的二次電池として期待されている。

走行中ワイヤレス給電 （➡7-6）
電気自動車が走りながら非接触で電力供給を受けることができる技術。道路に埋め込んだ給電システムが電気自動車の受電コイルに連続的に電力を供給する。

ソーラーカー （➡4-8）
太陽電池を敷き詰めたソーラーパネルを電源として搭載した電気自動車。

た行

太陽電池 （➡4-8）
物理電池の一種で、太陽光で得られる光エネルギーを電気エネルギーに変換する発電装置。

単相交流 （➡5-3）
2本の電線で伝送される交流。その電圧の時間変化は、1本の正弦波で示される。

超小型モビリティ （➡2-12）
自動車よりもコンパクトで小回りが利き、環境に優れ、地域の手軽な移動の足となる1人から2人乗り程度の車両（国土交通省の定義）。「小型EV」とも呼ばれる。

直流モーター （➡5-3・5-4）
直流で動くモーター。交流モーターよりも制御が容易である。

チョッパ制御 （➡6-3）
パワー半導体を使って直流の電圧の平均値を変化させる制御方式。

定置型電池 （➡4-2）
建物などに静置される電池。移動はできない。

デフ （➡5-8）
デファレンシャルギア（差動装置）の略称。左右の車輪の回転速度の差を吸収するギアを指す。

電気二重層 （➡4-9）
2つの異なる相（例えば固体電極と電解液）が接触する界面近傍で、電荷や電解質イオンが薄い層として並ぶ現象。

電気二重層キャパシタ （➡4-1・4-9）
物理電池の一種で、素早い電気の出し入れが可能な蓄電装置。電気二重層と呼ばれる物理現象を利用して蓄電する。

電欠 （➡1-7）
駆動用バッテリーの残量がなくなり、電気自動車が走行できなくなる状況。

電源構成 （➡8-2）
発電方式の割合。国や地域によって異なる。

電磁界共鳴方式 （➡7-6）
非接触充電の一種。電磁界と共鳴現象を利用して送電コイルから受電コイルに電力を伝える。

電磁誘導方式 （➡7-6）
非接触充電の一種。送電（地上）コイルと受電（車上ピックアップ）コイルを隣接させ、電磁誘電現象を利用して電力を伝える。

電波方式 （➡7-6）
非接触充電の一種。電流をマイクロ波などの電磁波に変換し、アンテナを介して電力を伝える。

同期モーター （➡5-7）
交流モーターの一種。回転子が回転磁界と同じ速度で回転する点が、誘導モーターと大きく異なる。

動力分割機構 （➡2-7・2-8）
3つの回転軸（エンジン・モーター・車輪）を分割し、動力を伝える機構。

トルク （➡1-4・5-2・6-6）
固定された回転軸を中心に働く力のモーメント。回転力とも呼ばれる。

トロリーバス （→7-5）
中空に張られた架線（トロリ線）から電気を取り込み、モーターで駆動する電気バス。日本では鉄道の一種とされており、「無軌条電車」とも呼ばれている。

な行

鉛蓄電池 （→3-1・4-4）
最も古い歴史を持つ二次電池。自動車の補機用バッテリーとして現在も使われている。

二次電池 （→4-1）
化学電池の一種。可逆の電気化学反応で放電するので、充電が可能。代表例として鉛蓄電池やニッケル水素電池、リチウムイオン電池がある。

ニッケル水素電池 （→2-5・4-5）
二次電池の一種。鉛蓄電池よりも大容量化が容易であるため、ハイブリッド自動車で多用されている。「Ni-MH」という略称で呼ばれることもある。

ネオジム磁石 （→5-7）
強力な磁界を発生する永久磁石。ネオジムなどのレアメタルを使用する。永久磁石同期モーターで使われている。

燃料電池 （→2-11・3-8・4-1）
燃料と酸素を電気化学反応させて発電する発電装置。燃料には主に水素が使われる。

燃料電池自動車 （→2-2・2-11）
燃料電池を搭載した電気自動車。FCVまたはFCEVとも呼ばれる。

は行

ハイブリッド自動車 （→2-2・3-7）
エンジンとモーターの両方の力を使って駆動する自動車。HVまたはHEVとも呼ばれる。

白金担持カーボン （→4-7）
白金の微粒子をつけたカーボン（炭素）の粒子。燃料電池の触媒として使われている。

バッテリーマネジメントシステム （→4-10）
二次電池を安全かつ効率よく使うためのシステム。二次電池の電圧の均衡化や長寿命化を図る役割がある。

バネ下重量 （→5-8）
サスペンションのバネよりも車輪側にある部品の総重量。

パラレル方式 （→2-5・2-6）
ハイブリッド自動車の動力伝達方式の一種。エンジンとモーターが並列で並び、両方の力で駆動する。

パリ協定 （→3-9）
2015年にパリで開催されたCOP21で合意し、2016年に採択された協定。地球温暖化防止のため、加盟国へのCO_2排出量の削減目標策定や実施条項の提出を促した。

パワーコントロールユニット （→6-1）
モーターを制御する装置類の総称。ドライバーによるアクセルペダルの操作や、走行速度などに応じてモーターの回転速度とトルクを制御する。

パワートレイン （→1-2・2-1・2-3）
駆動系装置の総称。エンジンやモーターが生み出した動力を車輪に伝えるための装置類。

パワー半導体 （→6-2・6-4・6-5）
電力変換に用いられる半導体素子。機械的スイッチでは不可能な高速のオン・オフができる。

パンタグラフ （→7-5）
電車で多用されている集電装置。中空に張られた架線と接触し、電気を取り込む役割を担う。

光起電力効果 （→4-8）
光を照射によって物体中に起電力が発生する現象。太陽電池では、p型半導体とn型半導体の界面（p-n接合部）で起こる。

非接触充電 （→7-6）
地上から車両に非接触（ワイヤレス）で電力を供給し、駆動用バッテリーを充電する方式。

フォードT型 （→3-3）
アメリカの自動車メーカーであるフォード社が1908年から販売した大衆向けガソリン自動車。ガソリン自動車が急速に普及するきっかけになった。

普通充電 （→1-8・7-2）
日常的に実施する一般的な充電方式。急速充電よりも充電に時間がかかるが、バッテリーにかかる負荷が少ない。

フッ化物電池 （→9-1）
正極と負極の間をフッ素イオンが移動する二次電池。リチウムイオン電池に代わる革新的二次電池として期待されている。

プラグイン・ハイブリッド自動車 （→2-2・2-10・2-11・3-8）
外部電源による充電を可能にしたハイブリッド自動車。PHVまたはPHEVとも呼ばれる。

ブラシ （→5-1）
モーターや発電機の整流子と接触する部品。摩耗しやすく、故障の原因にもなり得る。

ベクトル制御 （→6-7）
交流モーターのトルクの応答性を高めるために開発された制御方式。

補機用バッテリー （→4-3）
セルモーターやヘッドライト、エアコンなどの電装品の電源となるバッテリー。信頼性が高い鉛蓄電池が現在も使われている。

ま行

マスキー法 （→3-4）
大気汚染の被害を低減するため、1970年にアメリカで制定された法律。日本の自動車メーカーが有害な排気ガスを出さない自動車を開発するきっかけになった。

メタノール改質型燃料電池 （→3-6）
燃料となるメタノールを改質器に通して得た水素で発電する燃料電池。

モビリティ革命 （→9-5）
交通全体における大きな変化。自動車に関しては、社会における役割が変わる点が注目されている。

や行

油圧ブレーキ （→1-6・2-4・6-8）
油圧を使うブレーキ。ブレーキシューを押し当て、生じる摩擦でブレーキ力を得る。

有機溶剤 （→4-6）
常温では液体の有機化合物で、他の物質を溶かす性質を持つ。引火性が高いため、火災の原因にもなる。

遊星歯車機構 （→2-8）
3つの回転系を持つ歯車機構。トヨタのスプリット方式では動力分割装置として使われている。

誘導電流 （→5-6）
コイルの中の磁界が変化したときに、コイルに流れる電流。電磁誘導によってコイルに流れる電流を指す。

ら行

リチウムイオン電池 （→3-8・4-6・9-1）
二次電池の一種。ニッケル水素電池よりもエネルギー密度が高く、大容量化が容易なので、電気自動車やプラグイン・ハイブリッド自動車の駆動用バッテリーとして多用されている。Lithium-Ion Batteryを略して「LIB（リブ）」と呼ばれることもある。

レアメタル （→2-11・5-7・8-7）
希少金属。天然の産出量が少ない、または純度の高いものが得られにくい金属を指す。

ローレンツ力 （→5-1）
電気を帯びた粒子（荷電粒子）が磁界で受ける力。

索引

参考文献

- 赤津観監修
『史上最強カラー図解 最新モータ技術がすべてわかる本』
ナツメ社、2012 年

- 飯塚昭三著
『燃料電池車・電気自動車の可能性』グランプリ出版、2006 年

- 池田宏之助編著
『入門ビジュアルテクノロジー 燃料電池のすべて』日本実業出版社、2001 年

- 齋藤勝裕著
『図解入門 よくわかる 最新 全固体電池の基本と仕組み』
秀和システム、2021 年

- 中西孝樹著
『CASE 革命 2030 年の自動車産業』日本経済新聞出版社、2018 年

- 日刊工業新聞社編、次世代自動車振興センター協力
『街を駆ける EV・PHV 基礎知識と普及に向けたタウン構想』
日刊工業新聞社、2014 年

- 廣田幸嗣著
『今日からモノ知りシリーズ トコトンやさしい電気自動車の本（第 3 版）』
日刊工業新聞社、2021 年

- 廣田幸嗣・小笠原悟司編著、船渡寛人・三原輝儀・出口欣高・初田匡之著
『電気自動車工学（第 1 版）：EV 設計とシステムインテグレーションの基礎』
森北出版、2010 年

- 廣田幸嗣・小笠原悟司編著、船渡寛人・三原輝儀・出口欣高・初田匡之著
『電気自動車工学（第 2 版）：EV 設計とシステムインテグレーションの基礎』
森北出版、2017 年

- 廣田幸嗣・足立修一編著、出口欣高・小笠原悟司著
『電気自動車の制御システム 電池・モータ・エコ技術』
東京電機大学出版局、2009 年

- 福田京平著
『しくみ図解シリーズ 電池のすべてが一番わかる』
技術評論社、2013 年

- 森本雅之著『電気自動車（第 2 版）』森北出版、2017 年

- 『二次電池の開発と材料（普及版）』シーエムシー出版、2002 年

本書内容に関するお問い合わせについて

このたびは翔泳社の書籍をお買い上げいただき、誠にありがとうございます。弊社では、読者の皆様からのお問い合わせに適切に対応させていただくため、以下のガイドラインへのご協力をお願い致しております。下記項目をお読みいただき、手順に従ってお問い合わせください。

●ご質問される前に

弊社Webサイトの「正誤表」をご参照ください。これまでに判明した正誤や追加情報を掲載しています。

正誤表　https://www.shoeisha.co.jp/book/errata/

●ご質問方法

弊社Webサイトの「刊行物Q&A」をご利用ください。

刊行物Q&A　https://www.shoeisha.co.jp/book/qa/

インターネットをご利用でない場合は、FAXまたは郵便にて、下記"翔泳社 愛読者サービスセンター"までお問い合わせください。
電話でのご質問は、お受けしておりません。

●回答について

回答は、ご質問いただいた手段によってご返事申し上げます。ご質問の内容によっては、回答に数日ないしはそれ以上の期間を要する場合があります。

●ご質問に際してのご注意

本書の対象を越えるもの、記述個所を特定されないもの、また読者固有の環境に起因するご質問等にはお答えできませんので、予めご了承ください。

●郵便物送付先およびFAX番号

送付先住所　〒160-0006　東京都新宿区舟町5
FAX番号　　03-5362-3818
宛先　　　　（株）翔泳社 愛読者サービスセンター

著者プロフィール

川辺 謙一 （かわべ・けんいち）

交通技術ライター。1970年生まれ。東北大学工学部卒、東北大学大学院工学研究科修了。メーカーで半導体材料などの研究開発に従事した後に独立。鉄道・道路・都市に関する高度化した技術を一般向けに翻訳・解説している。
主な著書に『図解・地下鉄の科学』『図解・首都高速の科学』『図解・燃料電池自動車のメカニズム』（以上、講談社ブルーバックス）、『東京総合指令室』『図でわかる電車入門』（以上、交通新聞社）、『世界と日本の鉄道史』（技術評論社）などがある。

装丁・本文デザイン／相京 厚史（next door design）
カバーイラスト／加納 徳博
DTP／佐々木 大介
　　　吉野 敦史（株式会社アイズファクトリー）

図解まるわかり 電気自動車のしくみ

2023年 6月12日　初版第1刷発行
2024年 4月25日　初版第2刷発行

著者　　　川辺 謙一
発行人　　佐々木 幹夫
発行所　　株式会社 翔泳社（https://www.shoeisha.co.jp）
印刷・製本　株式会社 加藤文明社印刷所

ISBN978-4-7981-7603-1　　　　　　　　　　　　　　Printed in Japan